DE LA NUMÉRATION

DES

GLOBULES ROUGES DU SANG

I. Des méthodes de numération.

II. De la richesse du sang en globules rouges dans les différentes parties de l'arbre circulatoire.

PAR

L. MALASSEZ,

Docteur en médecine de la Faculté de Paris,
Ancien interne des hôpitaux de Paris,
Répétiteur à l'École pratique des Hautes Études
(Laboratoire d'histologie du Collége de France).

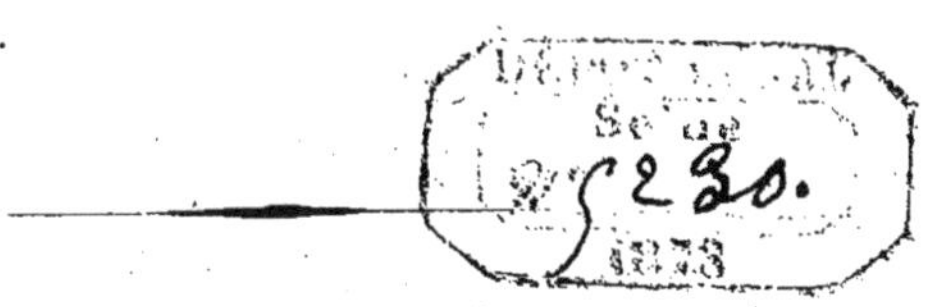

PARIS

ADRIEN DELAHAYE, LIBRAIRE-ÉDITEUR

PLACE DE L'ÉCOLE-DE-MÉDECINE

1873

DE LA NUMÉRATION

DES

GLOBULES ROUGES DU SANG

INTRODUCTION.

J'ai imaginé, au commencement de l'année dernière, une nouvelle méthode de numération des globules rouges du sang. J'en ai exposé les principes et le mode d'emploi à la Société de biologie (1). Mais, ne l'ayant peut-être pas fait avec tous les détails nécessaires, j'ai tenu à revenir sur ce sujet, et à entrer dans des développements tels, que tous ceux qui auront la patience de les lire avec quelque soin, pourront se rendre un compte exact de la méthode, et l'appliquer au besoin sans aucune difficulté.

Ces applications sont nombreuses, et les résultats auxquels je suis arrivé m'ont paru dignes d'être publiés, tout incomplets qu'ils soient. Cependant, forcé de me limiter, je me contenterai d'en indiquer seulement quelques-uns d'entre eux : ceux que m'ont donnés mes recherches sur les

----

(1) Novembre 1872.

variations de nombre que peuvent présenter par millimètre cube de sang les globules rouges dans divers points du circuit sanguin. Il m'a semblé que cette question devait être élucidée tout d'abord, si l'on voulait avoir une saine compréhension des autres.

Ce travail sera donc divisé en deux parties :

1° Des méthodes de numération des globules rouges du sang ;

2° De la richesse du sang en globules rouges dans les différentes parties de l'arbre circulatoire.

PREMIÈRE PARTIE

Des méthodes de numération.

————

La numération des globules rouges peut être directe ou indirecte :

La *numération directe* consiste à compter les globules rouges compris dans un volume connu de sang.

La *numération indirecte*, imaginée pour obvier aux difficultés de la numération directe, déduit le nombre des globules d'une autre valeur dépendant d'eux, telle que : leur proportion en poids ou en volume, la puissance de coloration du sang, la proportion de fer, d'oxygène, etc.

Elle suppose donc que ces valeurs sont exactement proportionnelles au nombre ; que, pour une masse donnée de sang, plus le poids ou le volume de tous les globules sera considérable, plus la coloration sera intense, plus la quantité de fer ou d'oxygène sera grande..., plus le chiffre des globules sera élevé. Comme si les globules étaient des corps toujours et partout exactement semblables les uns aux autres, ayant même masse, même composition, mêmes propriétés !

Eh bien, il n'en est pas toujours ainsi. Les chimistes

trouvent que les oiseaux ont une masse de globules plus considérable que les mammifères; va-t-on en conclure que le nombre de leurs globules est plus considérable? Chez une jeune fille atteinte d'intoxication saturnine, je constate une plus grande coloration du sang que chez une autre affectée de chlorose; dois-je en déduire qu'elle a un plus grand nombre de globules rouges? — Oui, si on applique le principe fondamental de la numération indirecte; or l'expérience nous prouve le contraire. Les oiseaux ont moins de globules rouges que les mammifères; la saturnine moins que la chlorotique.

C'est qu'en effet chez les oiseaux, les globules sont beaucoup plus volumineux, et l'augmentation de volume compense et au delà la diminution du nombre; c'est que, chez la saturnine en question, les globules étaient plus rouges et plus volumineux que chez la chlorotique. S'il en est ainsi dans ces deux cas, qui peut assurer qu'il n'en est pas de même dans beaucoup d'autres? Quelle confiance avoir dans les recherches qui s'appuient sur un principe aussi incertain?

Je n'entends pas dire pour cela que de tels travaux soient sans valeur — bien au contraire : la pesée des globules donne ses résultats, la chromométrie fournit les siens... tous sont du plus grand intérêt, tous servent, en se complétant les uns les autres, à nous donner une idée juste et complète de la richesse globulaire du sang; mais, je crois être en droit d'affirmer qu'ils ne peuvent se suppléer les uns les autres, qu'on ne peut par exemple du poids et de la couleur conclure au nombre, que la numération indirecte pèche par la base, que seule la numération directe peut nous donner une idée exacte du nombre des globules rouges compris dans une quantité donnée de sang. Je ferai remarquer enfin qu'elle jouit de l'immense avantage de n'exiger que des quantités de sang vraiment insignifiantes, ce qui permet de les appliquer à tous les cas possibles.

Je ne m'occuperai dans ce travail que de la numération directe.

Des méthodes de numération directe.

Quand on examine au microscope une goutte de sang pur, les globules rouges sont si nombreux, il s'empilent avec une telle rapidité qu'il est impossible de les compter avant qu'ils se soient empilés et déformés; et, une fois empilés et déformés, la numération n'est plus praticable, parce qu'ils ne sont plus distincts les uns des autres.

En admettant même qu'on ait pu les passer tous en revue, resterait encore à trouver un moyen d'apprécier exactement le volume du sang dont on aurait compté les globules; or, à moins qu'on ne se soit élevé à des chiffres fabuleux de globules, ce volume serait forcément très-petit et par conséquent difficilement mesurable.

M. Piorry paraît avoir été le premier à pressentir la solution du problème; après en avoir très-bien exposé les difficultés, il ajoute (1) :

« Peut-être pourrait-on verser des gouttes de sang re-
« cueillies dans divers cas sur quelques grammes d'un
« fluide qui, tel que la dissolution de sulfate de soude,
« n'exerce pas sur les globules une action dissolvante; alors,
« si après avoir agité ce mélange, on en recueillait une
« gouttelette au bout de la pointe d'une épingle et d'un
« volume donné, on pourrait peut-être apprécier (mais seu-
« lement d'une manière approximative) les proportions re-
« latives de globules que diverses espèces de sang présen-
« teraient. »

Il n'a malheureusement pas donné suite à son idée. C'est

(1) PIORRY. Traité de médecine pratique, t. III, p. 58; Paris, 1847.

à M. Vierordt que revient l'honneur d'avoir inauguré les méthodes de numération directe des globules rouges du sang.

MÉTHODE DE VIERORDT.

Voici l'analyse qu'en donne M. Milne Edwards (1) :

« A l'aide d'un tube capillaire bien calibré dont le dia-
« mètre est connu ($0^{mm},1$ par exemple) il aspire une
« petite quantité de sang et il mesure au microscope la
« hauteur de la colonne de liquide ainsi obtenue, ce qui
« lui permet d'en calculer le volume ; puis, en soufflant
« par l'extrémité de l'espèce de pipette en question, il en
« fait sortir le sang qui est reçu dans un liquide propre à
« l'étendre sans en altérer les globules (de l'eau gommée,
« ou mieux encore du blanc d'œuf délayé).

« Le mélange ainsi obtenu est repris par une pipette et
« étendu en lignes étroites et régulières sur un porte-objet,
« où on le laisse sécher.

« Enfin, on place ce porte-objet sous le microscope et
« l'on compte les globules en s'aidant d'un micromètre posé
« sur le sang desséché, ou d'un micromètre mobile. »

Dans un article de Funke (2), rendant compte d'un travail plus récent de Vierordt, j'ai trouvé d'autres détails : le volume du tube capillaire est mesuré non-seulement par les procédés micrométriques, mais encore par des pesées au mercure. Le sang recueilli est étendu dans une quantité de sérum artificiel, toujours la même et qui serait 679,9 fois celle du sang. Le sérum artificiel qu'il emploie est ainsi composé :

(1) MILNE EDWARDS. Leçons sur la physiologie et l'anatomie comparée de l'homme et des animaux, t. I, p. 221.
D'après VIERORDT. Archiv für physiologische Heilkunde, 1852.
(2) FUNKE. Schmidt's Jarbucher, 1855, t. LXXXV, p. 5.
D'après VIERORDT. Archiv f. phys. Heilk., 1854.

Eau............. 100 gr.
Sucre.......... 2.25
Sel marin....... 0.16 à 0.17

Le mélange sanguin est mélangé dans la proportion de 1 pour 10 à une solution de gomme (1 gr. de gomme pour 4 à 5 gr. d'eau).

Les erreurs ne dépasseraient que rarement 5 pour 100.

Welcker (1) a essayé d'apporter quelques perfectionnements à la méthode de Vierordt. Les principaux résident dans l'emploi d'une lame porte-objet quadrillée, ce qui supprime le micromètre couvre-objet ; dans l'usage d'une platine mobile, ce qui permet de faire passer successivement les différentes portions de la lame quadrillée sous le champ microscopique.

Quelle que soit la valeur de ces modifications (contestées par Vierordt et par Funke), la méthode de Vierordt n'en reste pas moins peu pratique. Sans parler de la délicatesse extrême des manœuvres, ce qui exige des mains aussi exercées que celles de ces savants, il faut y mettre un temps et une patience considérables; Rollet (2) avoue, que pour chaque observation, il faut compter de 2 à 3,000 globules, ce qui prend une heure ! Il n'est pas étonnant qu'une telle méthode ait été peu suivie, malgré tout l'intérêt des faits qu'on pouvait espérer découvrir avec elle.

MÉTHODE DE CRAMER.

Le mélange est fait au moyen de deux tubes cubés au

(1) Cité par Funke. Schmidt's Jarbuch., 1854, t. LXXXI, p. 1.

Je dois ces renseignements bibliographiques et bien d'autres encore à MM. Kelsch, professeur agrégé au Val-de-Grâce, et Exchaquet, interne des hôpitaux, qui ont eu la bonté de parcourir avec moi diverses publications allemandes, me traduisant les passages qui avaient trait à mon sujet. Je les en remercie bien sincèrement.

(2) Rollett. Art. *Sang* du Manuel d'histologie de Stricker. Leipzig, 1869, p. 77.

mercure, et commmuniquant ensemble; l'un plus petit est destiné à prendre le sang; l'autre plus large, à recevoir le sérum et le mélange.

Une fois fait, celui-ci est introduit entre une lame porte-objet et une lame couvre-objet, maintenues séparées par deux lamelles de verre très-minces et partout d'égale épaisseur.

S'aidant d'un oculaire dans lequel est une glace quadrillée, on compte les globules compris dans une certaine étendue du quadrillage.

On conçoit que, si au préalable on a évalué le volume correspondant à la surface dans laquelle ont été comptés les globules, il devienne facile de rapporter le nombre des globules à 1 millimètre cube de sang.

Les erreurs ne seraient que de 1,6 pour 100, et chaque numération ne demanderait pas plus d'un quart d'heure.

Ne connaissant le travail de Cramer que par la traduction d'une analyse, il m'est impossible de critiquer sa méthode. Je dois dire cependant qu'elle me paraît fort ingénieuse, et je suis très-surpris que, donnant des résultats aussi parfaits, elle n'ait pas été citée dans les traités récents de Funke et de Stricker. C'est une omission que j'ai commise également dans la communication que j'ai faite à la Société de Biologie sur la numération des globules rouges; je suis heureux de trouver l'occasion de la réparer.

MÉTHODE DE MANTEGAZZA (2).

Mantegazza prend un tube capillaire bien calibré; le pèse avant et après l'avoir rempli d'eau distillée; il en déduit le volume pour une longueur donnée, par suite la longueur

(1) CRAMER. Nederl. Lancet, 1855, cité dans le Schmidt's Jarbucher, 1857, t. XLXV, p. 15.

(2) MANTEGAZZA. Del globulimetro, nuovo strumento per determinare rapidamente la quantita dei globetti rossi del sangue, e nuove ricerche ematologiche. Milano, 1865.

occupée par un millimètre cube ; il fait alors diviser son tube en longueurs correspondant à des millimètres cubes.

Avec ce capillaire ainsi gradué, il aspire une quantité déterminée de sang (1 millimètre cube), dépose ce sang sur une lame porte-objet, le mêle avec une goutte de solution de gomme, et recouvre le tout d'une lamelle couvre-objet. Se servant d'un oculaire quadrillé, il compte alors les globules compris dans une certaine étendue du champ microscopique.

Puis il évalue le rapport qu'il y a entre la surface dans laquelle il a compté les globules, et la surface totale occupée par la goutte du mélange.

Ce rapport, multiplié par le nombre de globules comptés, donne évidemment le chiffre des globules par millimètre cube de sang. Si, par exemple, on a compté 200 globules et si la surface dans laquelle ils ont été comptés est la vingt-cinq millième partie de la surface qu'occupe le millimètre cube de sang pur étendu, le chiffre total de globules sera de 25 000 fois 200, c'est-à-dire de 5 millions.

Comme on le voit, Mantegazza admet que le rapport des surfaces, donne le rapport des volumes ; que, si la surface comptée est la vingt-cinq millième partie de la surface totale, le volume compté sera la vingt-cinq millième partie du volume total. Cela serait parfaitement exact si la hauteur du mélange, ou, ce qui revient au même, la distance qui sépare la lame porte-objet de la lamelle couvre-objet était la même dans tous les points de la préparation. Or, rien ne prouve qu'il en soit ainsi ; et on ne dit pas quelles sont les limites des erreurs possibles, et si, par divers procédés, en comptant par exemple en divers points de la préparation, on ne parviendrait pas à les atténuer.

Mais j'aurais mauvaise grâce à critiquer davantage cette méthode. Mantegazza avoue qu'elle est trop délicate et demande trop de patience pour qu'elle puisse être employée

par les physiologistes et les médecins ; il ne s'en est servi
que pour graduer son globulimètre, et parce que la méthode
de Vierordt, même perfectionnée par Welecker, lui pa-
raissait encore plus pénible et plus incertaine.

MÉTHODE POTAIN.

Cette méthode a été imaginée en 1867 et n'a jamais été
publiée, quoiqu'elle eût mérité de l'être.

Grâce à un instrument des plus simples, inventé par
M. Potain, on peut faire rapidement des mélanges parfaitement titrés. Je propose de l'appeler *mélangeur Potain*, son
inventeur ne l'ayant pas baptisé.

Il se compose d'un tube capillaire en verre, présentant
sur son trajet, au voisinage de l'une de ses extrémités, une
dilatation ampullaire dans l'intérieur de laquelle a été placée
une petite boule en verre.

La longue portion de ce tube capillaire a une longueur
telle que son volume se trouve être une fraction déterminée,
la centième partie, par exemple, de la portion dilatée.
Un trait, placé de chaque côté de la dilatation, indique
exactement le point où ces proportions se trouvent être
exactes.

La graduation se fait par des pesées au mercure ; si le
mélange doit être au centième, le poids du mercure nécessaire pour remplir la boule doit être cent fois plus considérable que le poids du mercure nécessaire pour remplir la
longue portion. Il faut, bien entendu, que le mercure soit à
la même température dans les deux pesées, sans quoi les
volumes ne seraient plus proportionnels aux poids.

La longue portion est effilée en pointe à son extrémité
libre. La courte, dont la lumière est un peu plus large, est
également effilée ; on y peut adapter un tube en caoutchouc,
assez épais pour ne s'aplatir sous l'influence de l'inspiration,
assez long pour aller facilement de la bouche à la main. Des

sondes en caoutchouc, dont on coupe l'extrémité mousse,
sont très-convenables pour cet usage.

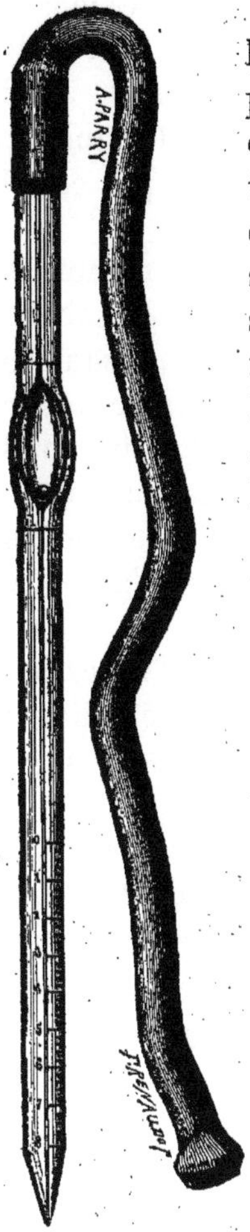

Veut-on faire un mélange ? — On aspire
lentement le sang à examiner dans la longue
portion du mélangeur, jusqu'à ce que la
colonne sanguine arrive juste au niveau du
trait qui sépare cctte longue portion de la
dilatation ampullaire ; on aspire ensuite le
sérum artificiel ; le sang d'abord, puis le
sérum montent dans la dilatation ; on continue d'aspirer ainsi le sérum jusqu'à ce que
le mélange soit arrivé au niveau du trait
qui indique l'extrémité supérieure de la dilatation. On a ainsi une masse de liquide
contenant très-exactement une fraction con-
nue, le centième par exemple, de son volume
de sang pur. Cela fait, on imprime au mélangeur un mouvement de rotation sur son
axe, en même temps qu'on l'incline successivement en haut et en bas, de telle façon
que la petite boule intérieure, agitée en tous
sens, mélange parfaitement le sang et le sérum artificiel.

Voici la formule du dernier sérum artificiel employé par M. Potain :

Sulfate de soude......   5 grammes.
Glycérine...........   25
Eau...............   100

Avec ce même appareil, M. Potain peut
mesurer très-exactement la minime quantité
de mélange dans laquelle il va compter les
globules : ayant calculé, en se basant sur les
pesées au mercure, la longueur qu'occupait dans la longue
portion du mélangeur un millimètre cube de ce liquide, il a,

Fig. 1.
Mélangeur Potain.

au voisinage de l'extrémité libre de la longue portion, indiqué cette longueur par deux traits; puis il a fait diviser l'espace compris en dix, et subdiviser chacune de ces divisions en cinq. Il a eu ainsi des divisions finales limitant entre elles des espaces correspondant à des cinquantièmes de millimètre cube, le tube ayant été bien calibré. Plus le capillaire est fin, plus les divisions sont espacées, plus, par conséquent, les mensurations sont exactes.

L'appareil ainsi gradué, et rempli de mélange comme il a été dit, il chasse, en soufflant modérément par le tube en caoutchouc, les premières portions du liquide, lesquelles, n'étant pas arrivées dans la dilatation, sont du sérum pur ; puis, par un tour de main facile, il envoie une petite bulle d'air dans la longue portion du mélangeur jusqu'au niveau des divisions. Cette bulle d'air forme index et isole une certaine quantité de mélange, limitée en haut par l'index, en bas par l'extrémité du tube.

Si alors on continue à pousser sur le liquide, l'index baissera et le nombre de divisions dont il aura baissé indiquera le nombre de cinquantièmes de millimètre cube qui seront sortis du mélangeur.

Pour compter les globules, au lieu d'étendre le mélange en lignes, M. Potain le dépose en petites gouttelettes, assez fines pour que chacune d'elles puisse être contenue dans le champ du microscope. Afin qu'elles ne se dessèchent pas, il les place dans la cellule d'une lame porte-objet à cellule, recouvre cette cellule d'une lamelle couvre-objet, et, pour mieux empêcher l'évaporation, dépose une goutte d'eau sur les bords de la cellule : l'eau, s'infiltrant par capillarité de proche en proche, pénètre entre le rebord de la cellule et la partie adjacente de verre mince, toute communication entre l'air extérieur et le contenu de la cellule est alors impossible.

Les choses étant ainsi disposées, il suffit de faire passer successivement chacune des gouttelettes sous le champ du microscope et de compter le nombre de globules compris dans chacune d'elles en s'aidant d'un oculaire quadrillé.

Les globules une fois comptés, on en fait l'addition et par un calcul très-simple on arrive à savoir le nombre de globules par millimètre cube :

Soit n le nombre de globules, d le nombre de divisions dont on a baissé l'index ou, ce qui revient au même, le nombre de cinquantièmes de millimètre cube du mélange déposé en gouttelettes.

Si n est le nombre de globules compris dans d cinquantièmes de millimètre cube du mélange ; le nombre de globules compris dans 1 cinquantième sera d fois plus petit, c'est-à-dire égal : $\frac{n}{d}$.

Le nombre de globules compris dans 1 millimètre cube sera cinquante fois plus grand ou : 50 $\frac{n}{d}$.

Enfin le nombre de globules compris dans 1 millimètre de sang pur sera encore cent fois plus grand, si le mélange est au centième, c'est à dire $50 \times 100 \frac{n}{d}$.

Et si on représente par N le nombre de globules par millimètre cube, on aura la formule suivante :

$$N = \frac{5.000\ n}{d}.$$

La première partie de la méthode Potain, celle qui consiste à faire le mélange, est d'une exécution facile, et les résultats qu'elle donne sont très-précis ; aussi ne saurait-on trop la louer.

La seconde partie, celle qui consiste à isoler par un index d'air une certaine quantité de mélange et à en déposer une partie sous forme de gouttelettes, m'a paru plus délicate et partant moins pratique. Il faut une véritable adresse pour bien déposer ces petites gouttelettes sur la lame porte-objet: si on souffle un peu trop fort en chassant le mélange, si la pointe du mélangeur n'est pas très-fine, si on la laisse trop longtemps au contact de la lame porte-objet, si cette lame est un peu humide, on a une gouttelette trop large, dépassant le champ du microscope, et il faut recommencer.

Enfin, pendant la numération, il arrive parfois que le peu de vapeur qui se produit dans l'intérieur de la cellule vient se condenser sur la lamelle couvre-objet et forme comme un nuage qui obscurcit le champ visuel ; il faut alors approcher de la lamelle un corps chaud, une tête d'épingle par exemple, chauffée à la flamme d'une bougie.

Ce sont là de petits inconvénients dont un observateur habile a facilement raison, mais qui n'en sont pas moins assez gênants pour empêcher cette méthode d'être adoptée en clinique. C'est pourquoi j'ai cherché à faire mieux. Si j'ai réussi, une grande part de mérite doit en revenir à mon excellent maître M. Potain, puisque c'est en l'aidant dans des recherches auxquelles il voulait bien m'associer que l'idée de ma méthode m'est venue, et dans mes longs essais j'ai toujours trouvé près de lui des conseils désintéressés et des encouragements bienveillants. Je le prie d'accepter ici tous mes remercîments.

MÉTHODE MALASSEZ.

Pour faire le mélange, je n'avais rien de mieux à inventer que le mélangeur Potain ; aussi me suis-je empressé de l'adopter. Mais, au lieu d'étendre le mélange en lignes comme M. Vierordt, ou de le déposer en gouttelettes, comme M. Potain, j'ai imaginé de l'introduire dans un tube capillaire très-fin qu'on pourrait examiner au microscope comme on examine les vaisseaux d'une patte de grenouille ; en comptant les globules compris dans une certaine longueur de ce capillaire artificiel, longueur dont on aurait déterminé le volume correspondant, on conçoit que, par un rapide calcul, on puisse en déduire facilement le nombre de globules par millimètre cube.

Description des appareils. — Le mélangeur ne devant plus servir à mesurer des volumes, j'ai supprimé la graduation en cinquantièmes de millimètre cube. J'ai seulement fait diviser par un trait la longue portion en deux parties de volumes égaux.

Les mélangeurs les plus commodes sont ceux au centième.

Si, en effet, on remplit complètement de sang la longue portion, on aura un mélange au centième ; tandis que, si on n'aspire le sang que jusqu'à sa moitié, on aura un mélange aux deux centièmes ; et, si on la remplit deux fois de suite, on aura un mélange au cinquantième. Ces trois titres de mélanges répondent à tous les besoins de la méthode ; le titre des mélanges, comme nous le verrons, devant varier selon les cas à observer.

Le sérum artificiel n'avait plus besoin d'être hygrométrique, comme dans la méthode Potain, ce qui m'a permis de le remplacer par le suivant, dont la formule m'a été donnée par M. Potain :

Solution de gomme arabique donnant au pèse-urine une densité de 1,020... 1 vol.

Solution de sulfate de soude et de chlorure de sodium en parties égales, donnant également une densité de 1,020.................. 3 vol.

Ce sérum ne se comporte pas toujours de la même façon vis-à-vis de tous les globules ; s'il en conserve un certain nombre pendant le temps nécessaire à l'examen, il en ratatine, et parfois en gonfle rapidement d'autres ; cela varie suivant les sangs qu'on examine, de telle sorte qu'il est à peu près impossible d'avoir un sérum artificiel s'appliquant également bien à tous les cas.

Si on ne tient pas absolument à avoir les globules conservés dans leur forme, il est bon d'ajouter au sérum un peu de carbonate de potasse ou de soude (une goutte d'une solution à 50 0/0 dans 15 gr. de sérum environ) ; tous les globules deviennent sphériques, mais ils se répartissent plus régulièrement et leur numération est plus facile.

Quant à l'exécution du capillaire artificiel, elle n'était pas sans présenter quelques difficultés pratiques. Il fallait : Que

les parois du tube fussent planes, afin d'éviter les phénomènes de réfraction ;

Que la lumière du canal fût également aplatie dans le
même but, et aussi pour que les globules ne s'accumulas-
sent pas dans les parties déclives ;

Que le canal fut assez étroit pour qu'il pût tenir dans le
champ du microscope, assez aplati pour que les globules
ne fussent pas à des plans trop différents, assez large cependant pour qu'ils puissent y pénétrer facilement ;

Que ce canal enfin fût parfaitement calibré, c'est-à-dire
que pour des longueurs égales il eût des volumes égaux ;
qu'il pût être très-exactement cubé, c'est-à-dire qu'on pût en
déterminer le volume pour une longueur donnée. Cependant,
après bien des essais, j'ai pu arriver à remplir toutes ces
conditions. Voici comment :

On prend un de ces tubes capillaires en verre à lumière
centrale aplatie, dont on se sert pour construire certains
thermomètres à mercure ; il faut en choisir dont le grand
axe mesure de 240 à 260 μ. (1), 250 en moyenne, et le petit axe
de 60 à 80 μ. On le calibre, et on ne garde que les portions
qui, pour des longueurs égales, ont des volumes égaux.

Ces portions sont usées sur une meule d'opticien, de chaque côté, parallèlement au grand axe du canal. Un des côtés
doit être plus usé que l'autre, de façon que la face qui en
résulte, et que j'appellerai supérieure, soit le plus près possible du canal central. Il faut que, pendant cette opération,
les extrémités du tube soient parfaitement bouchées, afin que
les poussières ne pénètrent pas dans le canal.

Le tube thermométrique se trouve alors réduit à une
petite bande de verre ayant à son intérieur, plus près de la
face supérieure que de l'inférieure, un canal central aplati
dans le même sens que la bande de verre. Une des extrémités est relevée sous forme d'un petit tube cylindrique très-

(1) $\mu = 0$ mm 001.

court, sur lequel ou peut adapter un tube en caoutchouc, ce qui, comme nous le verrons, permettra de nettoyer le capillaire.

Pour cuber le capillaire, on introduit une certaine quantité de liquide qu'on pèse très-exactement; le mercure est préférable, en raison de son grand poids spécifique; puis on apprécie avec le plus grand soin la longueur occupée par le mercure et on note la tempérance.

Soit P le poids de mercure, L la longueur de la colonne mercurielle, t^o la température au moment de l'observation.

Le volume de mercure, s'il était à 0°, serait :

$$V_o = \frac{P}{13,59}$$

mais le mercure étant à t^o, a un volume plus considérable, volume qui nous est donné par la formule :

$$V_t = V_o (1 + \alpha t^o)$$

Remplaçant, on a :

$$V_t = \frac{P}{13,59} \left(1 + \frac{1}{5550} t^o\right)$$

$$V_t = \frac{P(5550 + t)}{75424,5}$$

Tel est le volume du canal du tube dans une longueur L.

D'où l'on peut tirer, soit la longueur qu'occupe l'unité de volume, soit le volume correspondant à l'unité de longueur. Et cela étant, le chiffre de globules compris dans un millimètre cube, une fois qu'on a compté le nombre de globules dans une longueur du capillaire.

En effet, la longueur occupée par 1 millimètre cube est égale à :

$$\frac{75424,5 \cdot L}{(5550 + t) \cdot P}$$

Mais on n'a compté les globules que dans une longueur l; si cette longueur est cent fois plus petite que la longueur occupée par un millimètre cube, le nombre trouvé sera cent fois plus petit que le nombre qui serait contenu dans un millimètre cube ; donc, pour avoir le chiffre de globules par millimètre cube, il faudra multiplier ce nombre par 100. D'une façon générale, le chiffre de globules compris dans une longueur l étant connu, il faudra, pour avoir le chiffre de globules contenus dans un millimètre cube, multiplier ce chiffre par le nombre de fois dont la longueur l sera contenue dans la longueur occupée par un millimètre cube ; c'est-à-dire, en reprenant notre formule, par :

$$\frac{75424,5 . L}{(5550 + t) P . l}$$

Or, on conçoit que, pour un même instrument, une même longueur, cette valeur ne changeant pas le calcul se trouve fait une fois pour toutes.

Les chiffres qui sont gravés sur les lames qui portent mes capillaires artificiels sont justement les résultats de calculs semblables faits pour chaque capillaire et pour un certain nombre de longueurs : Sur le capillaire représenté fig. 2, la première colonne de chiffres indique un certain nombre

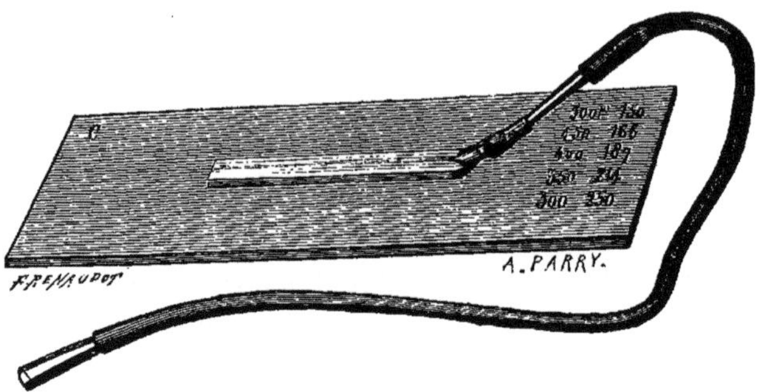

Fig. 2. — Capillaire artificiel Malassez.

de longueurs ; la seconde, les valeurs par lesquelles il faut multiplier le nombre de globules comptés dans les longueurs correspondantes, pour avoir le nombre par millimètre cube. Si par exemple on a compté dans une longueur de 500 μ, il faudra multiplier le nombre trouvé par 150. Celà veut dire en effet que la longueur de 500 μ est la 150ᵉ partie de la longueur occupée par un millimètrecube, ou, ce qui revient au même, que le volume du canal pour une longueur de 500 μ est la 150ᵉ partie d'un millimètre cube.

Mais comment arriver à compter les globules dans des longueurs exactement égales à 500 μ, 400 μ? (1).

Pour cela, je me sers d'un oculaire quadrillé dont la partie quadrillée n'occupe pas tout le champ du microscope et a une forme carrée ; regardant avec cet oculaire un micromètre objectif et me servant d'un objectif convenable (2), je tire plus ou moins le tube rentrant du microscope jusqu'à ce que le carré quadrillé de mon oculaire recouvre exactement une longueur de 600, 500 ou 400 μ.; 60, 40 ou 50 divisions, si le micromètre est un millimètre divisée en cent. A ce ni-

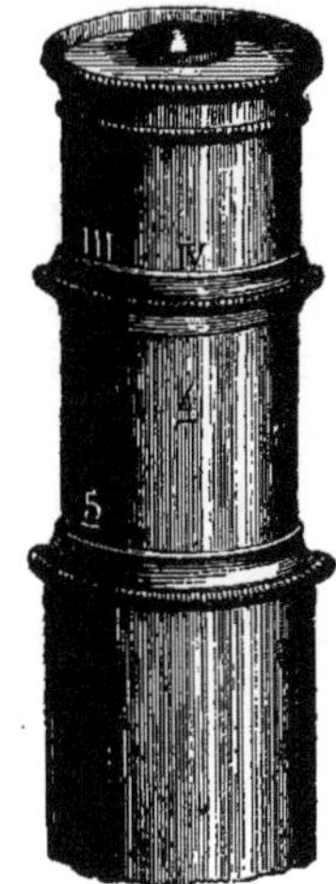

Fig. 3. — Tube de microscope gradué pour la micrométrie.

veau, je marque un trait sur le tube rentrant, j'inscris au-dessus la valeur du côté quadrillé et note le numéro de l'objectif.

(1) Ces longueurs de 600 μ 500 et 400, sont les plus convenables ; plus grandes, on ne distinguerait pas suffisamment les globules ; plus petites, elles exposeraient à trop d'erreurs comme on le verra plus loin, p.

(2) Avec les oculaires nº 2 de Nachet, Verick ou Hartnack, il faut l'objectif nº 2 de Nachet, le nº 3 de Verick, ou le nº 4 de Hartnack.

Malassez.   3

Il est bien évident que, si on remplace le micromètre objectif par le capillaire artificiel, le carré quadrillé recouvrira une longueur égale du canal. Il est bien certain que, dans des observations ultérieures, il suffira, pour obtenir la même longueur, de placer le microscope dans la même position et de se servir du même oculaire et du même objectif.

La figure n° 3 représente un microscope ainsi gradué; les chiffres romains placés au-dessus de la partie rentrante indiquent les numéros des objectifs employés; les chiffres arabes situés au-dessous, dans la verticale, sur la portion rentrante elle-même, indiquent en abrégé (5 pour 500, 4 pour 400) la valeur du côté du carré quadrillé quand, employant l'objectif indiqué, le tube rentrant est enfoncé jusqu'au niveau du trait que l'on voit au-dessous de ces chiffres.

Ces oculaires me servent non-seulement à apprécier une longueur voulue du capillaire, mais encore à déterminer le volume exact des éléments introduits dans le capillaire. En effet, le carré quadrillé est divisé en 100 carrés (v. fig. 4, p. 24) ayant par conséquent des côtés dix fois plus petits que ceux du grand carré. Or, les côtés en continuité de deux carrés voisins ont été subdivisés chacun en dix; chacune de ces subdivisions équivaut donc à la centième partie du côté du carré quadrillé; quand, par exemple, le côté a une valeur de 200 μ. chacune des subdivisions équivaut à 2 μ. Il en résulte que, si un élément histologique est recouvert par 2 ou 3 de ces divisions, je puis affirmer qu'il a 2, 3 fois 2 μ. c'est-à-dire 4 ou 6 μ.

Ces oculaires méritent donc le nom d'oculaires quadrillés micrométriques; ils sont très-utiles quand on veut apprécier en même temps le nombre et le volume des éléments placés dans le capillaire (1).

(1) Cette méthode de micrométrie peut être employée avec les oculaires micrométriques ordinaires. La graduation se fait de la même façon. J'ai fait donner au côté du carré des glaces quadrillées dont je me sers, la longueur habituelle que l'on donne aux échelles des oculaires micrométriques,

Telle est l'instrumentation de ma méthode ; elle exige dans la construction des appareils la plus grande précision ; mais en revanche l'application en est simple (1) ; c'est qu'en effet toutes les difficultés que l'on rencontrait dans la manœuvre des autres méthodes ont été, dans la mienne, comme transportées dans la construction des appareils, ce qui est en somme un sérieux avantage, la construction ne se faisant qu'une fois, tandis que les difficultés des manœuvres se renouvellent à chaque examen.

Manœuvre des appareils. — Je ne reviendrai pas sur la façon d'opérer le mélange (V. p. 13). Les mélanges les plus commodes sont, pour des raisons qui seront mieux placées plus loin, au deux centième quand le chiffre des globules par millimètre cube dépasse **2 millions, au centième** quand il est au-dessous. Au bout **de peu de temps d'exercice**, on reconnaît à la couleur du sang, lorsqu'il pénètre **dans** le mélangeur, s'il rentre **dans** l'une ou l'autre de ces deux **catég**ories ; et, on l'aspire **alors,** soit jusqu'à moitié de la longue **portion** pour le mélange aux deux centièmes, soit dans **toute la** hauteur pour le **mélange au centième**.

Le mélange une fois opéré, on chasse du mélangeur, en soufflant par le tube en caoutchouc, les premières portions qui sortent et qui doivent être rejetées, parce qu'elles sont du sérum presque pur ; puis, continuant à souffler, on dépose une gouttelette à l'extrémité libre du capillaire artificiel. Le mélange, en vertu de la capillarité, entre dans le tube. Pen-

1 centimètre ; il en résulte **que la graduation du** microscope peut servir avec l'une ou l'autre de ces glaces, pourvu, bien entendu, qu'on se serve du même oculaire. Il faut seulement avoir soin de placer en bas, du côté de l'objectif, la face de la glace où sont tracées les divisions, car si on la plaçait en haut et que les glaces ne fussent pas de même épaisseur, la graduation qui serait bonne pour l'une ne serait plus juste pour l'autre.

(2) J'ai essayé de la simplifier encore en réunissant dans un même appareil le mélangeur et le capillaire ; jusqu'à présent je n'ai pas suffisamment bien réussi.

dant qu'il pénètre, il faut avoir soin de remuer avec l'extrémité du mélangeur la gouttelette déposée, de façon que le mélange reste bien homogène. Si le liquide ne pénètre pas rapidement, il faut aspirer légèrement par le tube en caoutchouc du capillaire. Quand le mélange arrive au voisinage de l'autre extrémité du capillaire, et avant qu'il soit arrivé jusque là, on enlève, soit avec un linge fin, soit avec du papier buvard, le liquide qui n'a pas pénétré. Comme il ne peut plus s'introduire de liquide, le courant cesse, les globules s'arrêtent et bientôt se mettent à plat.

Le microscope a été disposé de façon que le carré quadrillé recouvre au foyer une longueur déterminée ; 500 μ par exemple. On met au point, on tourne l'oculaire de façon que

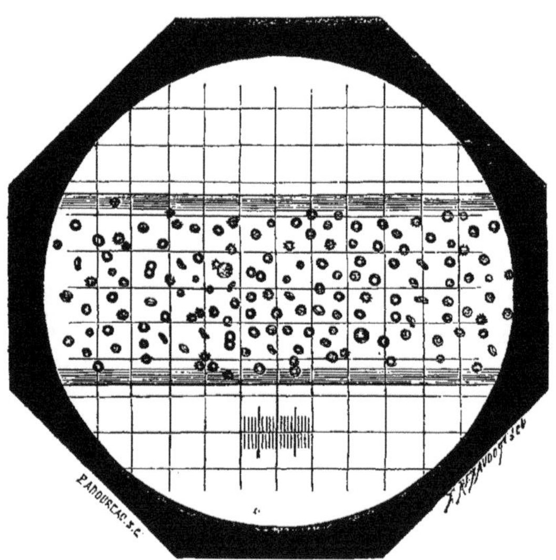

Fig. 4. — Capillaire artificiel rempli d'un mélange sanguin, vu au microscope avec un oculaire quadrillé micrométrique. (Gross. de 100 diam.).

les lignes du quadrillage soient parallèles et perpendiculaires à l'axe du canal, et on obtient une image analogue à celle de la figure 4.

On compte alors les globules compris dans toute la portion du canal recouverte par le quadrillage, carré par carré.
Je trouve plus commode de prendre les carrés par tranches
verticales et d'aller de droite à gauche. Il arrive assez sou-
vent que des globules sont placés à cheval sur un trait ; pour
ne pas s'exposer soit à les compter deux fois, soit à les oublier,
il est bon de ne pas se fier à sa mémoire et de se faire une règle
générale : de les compter, par exemple, soit immédiatement
avec ceux du carré dont on fait la numération, soit plus tard
lorsqu'on sera arrivé au carré voisin.

Il ne faut pas se contenter d'une seule numération lorsqu'on
veut obtenir des résultats de quelque certitude ; on doit
recommencer en un ou deux autres points du tube. Si on
trouve des différences qui ne dépassent pas 3 0/0, le chiffre
trouvé est bon. J'ai l'habitude, quand je tiens à avoir un
chiffre aussi exact que possible, de faire ces numérations
successives dans des portions contiguës, puis de prendre la
moyenne des chiffres obtenus. Mais, quand on trouve entre
les diverses numérations des différences considérables, il
faut chasser le mélange du capillaire ; et, après avoir agité
celui qui reste dans le mélangeur, en réintroduire une partie
dans le capillaire ; j'indiquerai plus loin quelles peuvent être
les causes de ces différences.

Le chiffre des globules une fois bien déterminé, rien
n'est plus facile que d'en calculer le nombre par millimètre
cube. Je suppose, par exemple, que le chiffre 118 soit le
nombre que l'on trouve dans chaque 500 μ de mon capillaire, et je suppose que je me sois servi du capillaire représenté fig. 2.

On peut voir sur la lame qui porte ce capillaire que, pour
une longueur de 500 μ le volume du canal est égal à la 150^e
partie d'un millimètre cube. Le nombre de globules par
millimètre cube de mélange sera donc 150 fois plus fort :

$$118 \times 150 = 17\ 700$$

Mais si 17 700 est le nombre de globules par millimètre cube de mélange, et si ce mélange est au deux centième, le nombre de globules par millimètre cube de sang pur sera 200 fois plus considérable.

$$17\ 700 \times 200 = 3\ 540\ 000$$

Eh bien ! pour faire le mélange, l'introduire dans le capillaire, compter les globules, faire les deux multiplications, il ne faut pas plus de dix minutes ! (1).

Epreuve des appareils et valeur de la méthode. — Reste à savoir si cette rapidité n'est pas achetée au prix de grandes chances d'erreur ; si les appareils sont assez délicats pour permettre de faire une numération dans un si petit volume, et si on peut en conclure au chiffre par millimètre cube.

Supposons, en effet que dans la numération précédente, nous ayons fait une erreur si petite qu'elle soit, de 1 par exemple ; comme nous avons multiplié par 150 puis par 200, ce serait en fin de compte une erreur de 30 000 que nous aurions commise sur le chiffre total, c'est-à-dire qu'au lieu de 3 540 000 que nous avons trouvés, nous aurions obtenu, soit 3 540 000 si l'erreur avait été en plus, soit 3 510 000 si elle avait été en moins. Or il est de la plus grande importance de savoir très-exactement quelles sont les limites des erreurs, afin de pouvoir dire si telle ou telle différence obtenue entre deux observations, deux expériences, est le résultat d'une erreur possible, ou si, les dépassant, elle correspond bien à une différence réelle. Pour cela j'ai soumis mon capillaire artificiel et le mélangeur Potain à un certain nombre d'épreuves, lesquelles m'ont permis de mesurer l'étendue des erreurs possibles, m'ont appris les causes

---

(1) Après chaque numération, il est urgent de laver avec grand soin et avec de l'eau distillée le mélangeur et le capillaire.

de ces erreurs et m'ont donné par cela même les moyens de
les supprimer ou de les réduire à leur minimum.

*1° Compter plusieurs fois de suite les globules compris dans une même
portion du tube capillaire.*

Il semble au premier abord qu'on doive toujours trouver
un même nombre et que ce soit naïveté de faire une telle
épreuve. Il n'en n'est rien. Tantôt on arrive bien au même
chiffre, mais tantôt aussi on constate des écarts plus ou
moins considérables, soit en plus, soit en moins; et ces
écarts ne sont pas constants.

A quoi cela tient-il? A une altération des globules, se di-
visant ici, se détruisant là? — On ne peut l'admettre, car
ces changements dans le nombre se font trop rapidement.
Et puis si, dans le cas où l'on trouve un même chiffre, on
laisse le capillaire sous le microscope et qu'on observe ce
qui se passe dans les heures qui suivent, après avoir eu le
soin de fermer les extrémités du tube pour empêcher l'é-
vaporation, on voit bien les globules se porter dans l'axe
du capillaire (cette portion étant la plus déclive en vertu de
la forme ellipsoïde du canal), on les voit bien subir certaines
déformations, les uns devenant muriformes, les autres sphériques, déformations se faisant plus ou moins rapidement,
plutôt dans un sens que dans l'autre, suivant l'état des
individus examinés..... mais leur nombre ne change pas.
Sur des individus sains j'en ai conservé ainsi 24 heures;
ils avaient seulement pâli, puis étaient devenus incolores,
tandis que les globules blancs étaient devenus jaunes.

On peut donc dire que ces variations de nombre ne tiennent pas à ce que les globules se détruisent ou se divisent.
Elles me paraissent tenir à des erreurs dans la numération;
car, si on dessine sur du papier des figures analogues à la
figure 4, et si l'on compte les globules représentés, on
pourra constater ces mêmes variations de nombre. Ce qui le

prouve encore, c'est que ces erreurs se produisent dans les mêmes circonstances, qu'il s'agisse d'une véritable numération dans un capillaire, ou d'une numération sur un dessin. Elles ont lieu quand un certain nombre de globules sont à cheval sur les lignes du quadrillage, j'ai indiqué page 25 le moyen de les éviter. Mais elles sont surtout fréquentes quand le nombre des globules est trop élevé par rapport aux dimensions du quadrillage ; l'œil n'ayant pas de points de repère suffisants, se fatigue bientôt, et on arrive à passer un certain nombre de globules ou à les compter deux fois. (Pour moi, il ne faut pas que j'aie à compter plus de 5 globules par carré). Or ceci arrive, soit quand les globules sont réellement trop nombreux, le mélange trop concentré, soit quand les divisions du quadrillage sont trop espacées.

Il doit y avoir, comme on le voit, un rapport entre le nombre des globules, le titre du mélange et les dimensions du quadrillage ; il faut avoir, par exemple, des carrés plus petits si le nombre des globules est considérable.

Et, comme justement la numération sera d'autant plus exacte qu'elle s'étendra sur un chiffre de globules plus élevé ; il faut donc faire les carrés les plus petits possible. Il est cependant une limite : en multipliant ainsi les carrés, on arrive bien à ne pas se tromper en comptant les globules, de chaque carré, mais on se perd au milieu de tous ces carrés, et l'on retombe dans une autre cause d'erreur, plus grande que celle que l'on voulait éviter.

La division qui m'a paru la plus commode est donnée, comme je l'ai déjà dit, par un carré de 1 cent. de côté divisé en cent carrés de 1 millim. de côté. Quant aux titres de mélange les mieux appropriés à ce quadrillage, ils doivent varier suivant la richesse du sang observé ; je l'ai indiqué plus haut page 23.

En prenant toutes ces précautions, on arrive toujours à trouver, dans une même portion du tube, le même nombre de globules. Si donc, dans les épreuves qui vont suivre, nous avons pris toutes ces précautions, et si cependant nous trouvons des différences, nous ne pourrons les attribuer à une erreur de numération.

2° Compter en différents points du capillaire les globules compris dans une même longueur.

On conçoit facilement que, si le tube n'est pas exactement calibré, c'est-à-dire que si pour des longueurs égales, il n'a pas des volumes égaux, ou ne doive pas trouver des mêmes chiffres. De même aussi quand le mélange n'est pas homogène.

Mais, alors même que le tube est bien calibré et le mélange aussi bien fait que possible, on peut encore trouver des différences considérables ; quand, par exemple, le liquide pénètre lentement dans le tube, ou que le capillaire n'est pas très-propre.

Quand le liquide pénètre lentement, il est probable que les globules de la gouttelette placée à l'extrémité du tube se déposent en partie, et, comme l'ouverture du tube correspond aux parties supérieures de cette goutelette, le liquide est moins chargé de globules. Ce qui fait supposer qu'il en bien ainsi, c'est qu'alors le chiffre des globules va en décroissant, à mesure qu'on fait des numérations dans des points plus voisins de l'extrémité libre, extrémité remplie par le liquide qui a pénétré en dernier lieu. Aussi est-il bon d'agiter toujours avec l'extrémité du mélangeur la gouttelette qui vient d'être déposée.

Quand le capillaire contient des corps étrangers, les globules s'amassent derrière eux à la façon des alluvions dans les fleuves, tandis qu'en avant et sur les côtés les globules sont beaucoup moins nombreux. Pour chasser ces corps étrangers, je lave les capillaires avec une solution de potasse à 50 p. 100.

J'ai remarqué encore que, si on se sert d'un tube capillaire trop fin, les globules ne pénètrent pas également ; tel est le capillaire représenté fig. 2; pour chaque longueur de 500 μ, il ne donne que la 150e partie d'un millimètre cube; ceux dont je me sers habituellement, et dans lesquels le mélange sanguin pénètre très-régulièrement, donnent de la 106e à la 140e partie pour la même longueur.

Inutile enfin d'ajouter que, plus on comptera sur une grande longueur, plus les chiffres obtenus seront constants, les différences se compensant. Malheureusement la longueur est toujours très-petite; car, pour compter une longueur plus grande, il faut prendre un grossissement plus faible et là on est vite arrêté, puisqu'il est nécessaire que les globules soient toujours vus distinctement. Pour obvier à cet inconvénient, on peut compter successivement plusieurs portions contiguës; et si par exemple chacune de ces portions a une longueur de 500 μ ou 1/2 millimètre, on se trouvera avoir compté dans une longueur de 1, 2 ou 5 millimètres, si on a compté dans 2, 4 ou 10 portions voisines.

Malgré toutes ces précautions, les chiffres obtenus dans plusieurs numérations faites en divers points du tube ne sont pas toujours les mêmes; on peut trouver des différences de 1, 2, rarement plus, par chaque centaine de globules. Ce sont là des erreurs inévitables.

Il en résulte que si, dans une observation, nous trouvons en comptant en deux points du capillaire des différences plus grandes que ces chiffres, nous aurons la preuve immédiate que les manœuvres auront été mal exécutées, et il faudra recommencer.

5° Avec le même mélange sanguin, remplir plusieurs fois de suite le même capillaire et faire à chaque fois une numération.

Si on a opéré en suivant les règles indiquées précédemment; si, avant chaque nouvelle numération, on a le soin, comme pour la première, de bien agiter le mélange et de rejeter les premières portions qui passent, on trouve entre les diverses numérations des différences qui ne dépassent pas 2 0/0, alors même qu'entre la première et la dernière numération on met un intervalle d'un quart d'heure, vingt minutes, et il est très-probable qu'on pourrait attendre davantage.

Cela nous montre que le capillaire donne bien des indications constantes puisqu'avec le même mélange on obtient les mêmes chiffres et qu'on peut, sans crainte d'erreur, laisser le mélange dans le mélangeur. J'ai pu aller recueillir du sang sur des animaux ou sur des malades et n'en faire la numération que quelques minutes plus tard. Cependant, dans certaines maladies où les globules sont des plus altérables, je pense que cette manière de procéder exposerait à des erreurs.

4° Avec le même sang et en se servant des mêmes instruments, faire plusieurs fois de suite de nouveaux mélanges et de nouvelles numérations.

Là encore on ne trouve pas de différences dépassant 2 0/0 quand, outre les précautions indiquées précédemment, on arrête dans la prise du sang la colonne sanguine exactement au niveau du trait du mélangeur, et il me semble préférable pour cela de ne regarder qu'avec un seul œil et bien perpendiculairement à la surface du tube. Il est bon aussi que le mélangeur soit plutôt long que court, de façon que les erreurs que l'on peut commettre soient moins importantes.

5° Faire avec du sang défibriné et du sérum des mélanges à titres divers, évaluer la richesse globulaire de ces divers mélanges, comme s'il s'agissait de sang pur, en se servant toujours du même mélangeur et du même capillaire.

Le nombre de globules est en rapport avec le titre du mélange; il sera deux, trois, quatre fois moins grand si le mélange est à la moitié, au tiers ou au quart; sauf toujours les erreurs qui ne vont pas au delà de 2 0/0. Ce qui nous prouve que, dans le jeu de nos instruments, la composition du sang ne se trouve pas modifiée ; que, par conséquent, les résultats ainsi obtenus représentent bien l'état réel des choses.

6° Il existe enfin une série d'épreuves qui ont pour but non plus d'apprécier la valeur d'un mélangeur ou d'un capillaire, mais de comparer entre eux un certain nombre de mélangeurs ou de capillaires. Je ne parle bien entendu que des instruments construits avec grand soin et par des personnes très-exercées ; car on conçoit que, s'ils sont mal faits, on doive trouver entre eux des différences considérables. Ces épreuves ont consisté :

En des numérations faites les unes avec un même sang, des mélangeurs différents et un même capillaire ; les autres avec un même mélange sanguin et des capillaires différents.

J'ai pu constater ainsi quelques différences, surtout entre les capillaires, qui en effet sont d'une construction plus délicate ; mais elles sont si minimes et [si peu constantes, qu'il m'a été impossible d'en calculer leur étendue. Je crois cependant que dans une même série d'expériences, il est bon de se servir des mêmes intruments, et que, si dans une expérience il est nécessaire de prendre simultanément divers échantillons de sang, il est préférable de se servir de plusieurs mélangeurs et d'un seul capillaire, au lieu d'un seul mélangeur et de plusieurs capillaires.

Mais les erreurs ne tiennent pas seulement à l'imperfection des instruments ; elles tiennent encore aux observateurs ; il est bien certain qu'elles seront plus ou moins grandes selon leur habileté. Aussi, est-il très-important de déterminer la limite de ses erreurs personnelles, ce qu'il est facile d'obtenir en se soumettant aux diverses épreuves que j'ai indiquées. Je suis intimement convaincu que toute personne, quelque peu habituée aux manœuvres histologiques, arrivera rapidement à ne pas dépasser 3 0/0.

Reste à savoir si ce degré de précision sera suffisant ; cela dépend des cas :

Si les différences de nombre trouvées entre deux sangs rentrent dans les erreurs possibles, il est bien certain qu'il faudra rester dans un doute prudent; car il pourrait très-bien se faire que ces deux sangs soient réellement semblables ou qu'ils soient différents; l'observation n'en sera cependant pas perdue pour cela, car on pourra en conclure au moins que, s'il existe des différences entre les deux sangs, elles ne sont pas au delà de 3 0/0.

Si les différences dépassent franchement les limites des erreurs, il ne peut plus y avoir de doute sur le sens du phénomène. Dans mes premières recherches et pour plus de certitude, je prenais dans ces cas-là le chiffre le plus faible de ceux que je trouvais pour le sang le plus riche en globules, et le chiffre le plus fort pour le sang le plus pauvre. C'est ainsi qu'ont été faites les numérations dans mes recherches sur les rapports entre le nombre des globules et leurs dimensions (1). Si donc j'ai commis des erreurs, elles n'ont fait que diminuer ces différences. J'agis encore de cette façon lorsque les différences sont voisines des limites de mes erreurs.

Enfin il est des cas où les différences entre deux numérations de sang sont tellement grandes que les erreurs sont vraiment négligeables, et que la méthode peut servir alors, non plus seulement à déterminer les sens du phénomène, mais encore à en mesurer l'étendue.

Applications. — La numération directe ne nous donne pas seulement le nombre des globules rouges d'un volume donné de sang; elle peut encore servir à calculer le nombre des globules de toute la masse du sang (2).

Ces deux genres de recherches se complètent l'une l'autre. En effet, de ce qu'un sang est plus riche en globules, ce

(1) Comptes-rendus, Académie des sciences, 2 décembre 1872.
(2) MALASSEZ. Du nombre total des globules rouges de sang. Société de Biologie, 1872. Séance du 28 décembre.

n'est pas une raison pour qu'il y en ait un nombre total plus considérable. Un indivdu est pris de diarrhée; on lui trouve un grand nombre de globules par millimètre cube. Faut-il en conclure que la masse totale de ses globules ait augmenté? — Evidemment non, car il peut se faire que son sang se trouve simplement plus concentré, par suite de la perte des parties liquides, sans que le nombre total ait varié. On voit donc que, pour avoir une juste idée des variations de nombre des globules sanguins, il faut les envisager au double point de vue du nombre total et de nombre relatif.

Cette méthode peut encore être employée à évaluer le nombre de globules blancs par millimètre cube de sang, et par suite leur nombre, par rapport aux rouges (1). On peut enfin, d'une façon générale, l'employer à compter les éléments microscopiques en suspension dans une humeur quelconque ; il suffit d'employer un liquide additionnel approprié et de faire un mélange qui soit en rapport avec leur nombre.

(1) MALASSEZ. Du nombre des globules blancs dans l'érysipèle. Soc. anat. janvier et février 1873.

SECONDE PARTIE

De la richesse du sang en globules rouges dans les différentes parties de l'arbre circulatoire.

A l'exemple des auteurs qui les premiers se sont occupés de la proportion des globules de sang, je rapporterai le nombre des globules rouges au millimètre cube.

C'est ce qu'on désigne généralement sous le nom de *richesse globulaire* du sang, quoique à vrai dire, cette expression ait un sens plus large et plus compréhensif. Le mot de richesse globulaire ne s'applique pas seulement à l'idée de nombre, il embrasse encore les notions de volume, de poids, de composition et de propriétés. J'ai fait voir précédemment (p. 6) qu'un sang pouvait avoir moins de globules et cependant avoir une plus grande masse de substance globulaire, une puissance de coloration plus intense ; or tout cela c'est encore de la richesse globulaire, car l'activité des globules en dépend ; et on ne doit en bonne nomenclature donner à la partie le nom qui s'applique au tout. Toutefois, comme il ne saurait ici y avoir de confusion possible, puisque je ne parlerai que du nombre des globules, comme ce mot de richesse globulaire est en somme d'un emploi commode, je m'en servirai, ces réserves étant faites, dans le sens restreint qui lui est généralement donné.

J'étudierai tout d'abord le sang artériel ; je passerai ensuite au sang veineux des différents organes puis à celui des gros troncs veineux ; et je terminerai par le sang des veines pulmonaires, comparant sans cesse dans ce long circuit le sang d'une partie avec celui de la partie précédente.

Sang artériel.

Dans les quelques numérations que j'ai faites de sang pris soit dans les grosses artères des membres, telles que la crurale ou la brachiale, soit dans le ventricule gauche, j'ai trouvé des nombres peu différents ; les différences rentraient dans les limites de mes erreurs. Il est probable qu'il en est de même dans les autres grosses artères ainsi que dans les veines pulmonaires.

Mais j'ai trouvé une plus grande proportion de globules dans une artériole du digastrique que dans la carotide. L'expérience a été faite sur un chien :

Sang de la carotide............ 3 410 000
Sang d'une artériole digastrique. 3 780 000

Or, en supposant les erreurs aussi grandes que possible, 3 0[0, en les mettant en plus pour la carotide en moins pour l'artère du digastrique, il reste encore une différence de plus de 140 000 globules entre les deux sangs. Le fait observé est donc bien réel.

MM. Mathieu et Urbain (1), dans leurs intéressantes recherches sur les gaz du sang, ont constaté que le sang d'artères de même diamètre possède une même quantité d'oxygène ; que le sang des petites artères en contient moins que celui des grosses ; et pour expliquer ces faits, ils ont admis que le sang des petites artères renfermait moins de globules rouges, s'appuyant sur ce qu'il était moins dense.

On trouve bien dans leur travail une explication de cette prétendue diminution de densité, mais nulle part une preuve expérimentale ; quant à la diminution d'oxygène, on peut très-bien s'en rendre compte par des phénomènes d'osmose

<hr>

(1) Archives de physiologie, 1871, p. 200 et 201.

MM. Estor et Saint-Pierre avaient fait des observations analogues, mais moins précises. Journal d'anatomie et de physiologie, 1865.

gazeuse sans faire intervenir le nombre des globules. Bref, l'hypothèse de MM. Mathieu et Urbain n'est rien moins que prouvée, et les faits qu'ils ont observés ne sont pas en contradiction avec les miens.

Je tâcherai plus loin d'expliquer comment se fait cette augmentation des globules rouges dans les petites artères (v. page 42).

Sang veineux.

Il y a lieu de distinguer le sang veineux, à sa sortie des organes, d'avec le sang veineux pris dans les gros troncs. En effet, si, comme le faisait remarquer très-judicieusement Legallois (1), les organes produisent une première différence entre les sangs veineux, les réunions des veines en rassemblant, et mêlant ces sangs de proche en proche feront naître successivement de nouvelles différences.

Je commencerai donc par étudier le sang veineux des organes, ce qui nous apprendra en le comparant au sang artériel, quelles ont été les modifications apportées par ces organes.

SANG VEINEUX DE LA PEAU.

Sur deux lapins, j'ai fait la numération du sang d'une veinule de l'oreille, puis la numération du sang de la carotide ; j'ai trouvé :

	Lapin n° 1.	Lapin n° 2.
Sang artériel............	4 700 000	5 000 000
— veineux..........	4 900 000	5 800 000

Sur un cochon d'Inde, j'ai comparé le sang provenant

(1) Legallois. Le sang est-il identique dans tous les vaisseaux qu'il parcourt? Th., Paris, 1801. p. 197.

d'une coupure de l'oreille à celui pris dans le ventricule gauche.

Sang artériel....   3 900 000
— veineux....   4 300 000

En prenant le rapport, on voit que le sang veineux est 1,10 fois plus riche en globules que le sang artériel.

On pourrait objecter que cette différence en faveur des capillaires tient à ce que le sang, sortant moins facilement des petits vaisseaux, forme plus ou moins lentement une petite gouttelette qui avant d'être recueillie dans les appareils, a le temps de perdre par évaporation une partie de son plasma. Il est parfaitement exact que le sang se concentre rapidement à l'air libre; mais dans les expériences précédentes, le sang est toujours sorti en assez grande quantité et a été pris assez rapidement pour que cette cause d'erreur ne puisse être admise. On peut donc regarder comme un fait parfaitement certain l'augmentation du nombre des globules du sang dans les petits vaisseaux de la peau.

Cette augmentation du nombre des globules peut être plus ou moins considérable, alors même que le sang est pris sur un même animal et dans les mêmes parties cutanées. Il fallait donc déterminer les circonstances qui pouvaient faire varier cette augmentation de richesse globulaire.

Depuis les célèbres expériences de M. Cl. Bernard sur le grand sympathique, on sait que ce nerf a pour fonction de maintenir les vaisseaux dans un certain état de contraction normale, qu'excité il fait contracter les vaisseaux, que paralysé il les laisse se dilater sous l'influence de la pression sanguine; personne n'ignore que dans ces dernières circonstances, le sang sort en plus grande quantité et qu'il est plus rouge, à peine désartérialisé, moins veineux. J'ai recherché si la richesse globulaire ne présentait pas des variations semblables à celles de la couleur, si, dans les vaisseaux paralysés l'augmentation des globules était moindre que dans les vaisseaux non paralys

M. Ranvier a bien voulu couper le sympathique au cou
sur deux lapins, et voici les différences que j'ai pu constater
alors entre les deux oreilles :

Lapin nº 1.

	Oreille normale.	Oreille sympathisée.
Le lendemain...................	5 370 000	5 050 000
Le surlendemain...............	5 820 000	5 320 000

Lapin nº 2.

Quelques minutes après l'opération.	5 820 000	5 820 000
Le lendemain..................	5 820 000	5 150 000
Le 3ᵉ jour....................	5 460 000	4 760 000
Le 4ᵉ jour....................	4 810 000	4 620 000
Le 24ᵉ jour...................	3 780 000	3 640 000
Le 34ᵉ jour...................	4 200 000	3 860 000

On voit d'après ces chiffres que constamment les globules
ont été en moins grand nombre du côté où le sympathique
avait été coupé : 1,07 fois en moyenne chez le premier lapin,
1,09 fois chez le second. On peut remarquer aussi que cette
diminution ne se produit pas immédiatement après la section
et qu'au bout d'un certain temps elle est moins considérable
que les premiers jours.

L'oreille du lapin est le siége de congestions passagères
survenant soit spontanément, soit sous l'influence de diverses
causes extérieures, telles que le frottement, la chaleur ; j'ai
voulu voir si la composition globulaire en était modifiée, or
je n'ai pas trouvé de changements dépassant les limites de
mes erreurs. Il est fort possible qu'il se passe là ce qui se
passe après la section du grand sympathique, que les modifications dans les globules ne se fassent sentir qu'après un

(1) La diminution que l'on remarque dans les deux colonnes de chiffres du
second lapin doit être attribuée à une anémie résultant des mauvaises conditions hygiéniques dans lesquelles se trouvent les animaux au Collége de
France. Le lapin nº 1 est mort de pneumonie ; lors de la seconde numération,
il avait de la dyspnée et les lèvres bleuâtres, un trouble manifeste de la circulation, d'où sans doute l'augmentation des globules. (Voir plus loin,
p. 41).

certain temps, mais qu'à ce moment la congestion passagère ait déjà cessé.

Chez une jeune fille à peau très-pâle, j'ai compté les globules du sang cutané avant et après un maniluve sinapisé de près d'une demi-heure ; j'ai trouvé :

Avant la sinapisation. . . . 4 000 000
Après   — 3 700 000

C'est-à-dire une diminution de la richesse globulaire du sang.

L'inflammation a peut-être une action semblable ; les expériences que j'ai faites à ce sujet sur les oreilles des lapins ne sont pas assez concluantes pour que j'en parle. Chez un malade atteint d'érysipèle de la face, j'ai comparé le sang de parties saines à celui de parties en éruption :

Sang du doigt sain. 3 300 000
— de l'oreille érysipélateuse.   3 400 000

Mais on ne peut rien conclure de ce fait parce que le sang provenait de parties trop différentes, et deux fois sur des individus sains j'ai trouvé plus de globules rouges à l'oreille qu'au doigt ; c'est donc un point à revoir complétement.

J'ai cherché ensuite si les obstacles mécaniques à la circulation qui ont au point de vue du cours du sang, des effets inverses à ceux de la paralysie du grand sympatique, détermineraient également, au point de vue du nombre, des phénomènes contraires, c'est-à-dire une augmentation de la richesse globulaire. Dans ce but j'ai fait l'expérience suivante : J'ai introduit dans l'oreille d'un lapin et placé près de sa racine un bouchon assez gros pour remplir complètement la cavité auriculaire, puis j'ai appliqué sur l'oreille au niveau du bouchon un lien en caoutchouc. Une rainure verticale avait été faite dans le bouchon et mis sur le trajet du tronc artériel de l'oreille, de telle façon que le sang pouvait bien arriver à l'extrémité de l'oreille mais ne pouvait que difficilement en revenir. J'ai compté :

	Oreille libre.	Oreille comprimée.
Un quart d'heure après......	3 200 000	4 700 000
Trois quarts d'heure après....	3 200 000	5 300 000 |

Du côté comprimé le sang sortait noir foncé et il y avait une différence de 6° en moins à la dernière prise de sang.

Les obstacles mécaniques produisent donc dans le nombre des globules rouges une augmentation plus considérable que celle qui se produit à l'état normal ; elle était de 1,46 à la première observation, de 1,65 à la seconde.

Pensant que l'évaporation cutanée qui est si importante devait jouer un certain rôle, j'ai cherché à modifier cette évaporation. J'ai rasé l'oreille d'un lapin et attendant au lendemain pour que la congestion résultant de cette petite opération fût complètement passée ; j'ai trouvé :

Oreille non rasée...............	5 300 000
Oreille rasée................	5 700 000

Pour m'assurer que cette augmentation des globules était due à l'évaporation plus grande résultant de ce que l'oreille était à nu, j'ai supprimé cette évaporation en plaçant cette oreille dans l'eau ; au bout d'un quart d'heure, il y avait :

Oreille non rasée et sèche (1)..	5 400 000
Oreille rasée et baignée......	5 000 000

Mais, comme on aurait pu objecter que cette diminution des globules n'était pas liée à la diminution de l'évaporation cutanée, mais à l'absorption d'eau, j'ai enduit l'oreille rasée d'un vernis imperméable et non rétractile (vernis à tableau).

Le lendemain le vernis était sec, mais manquait par place, l'animal s'était probablement gratté ; le chiffre des globules a été :

(1) Cette augmentation des globules dans l'oreille non rasée tient probablement à ce que l'animal avait été placé la tête en bas, ce qui avait dû amener un obstacle au cours du sang.

<pre>
Oreille non rasée.. 5 700 000
Oreille rasée et enduite de vernis incomplètement..... 5 800 000
</pre>

Une seconde couche de vernis est appliquée, cette fois l'enveloppement est complet, et je trouve :

<pre>
Oreille non rasée.. 5 600 000
Oreille rasée et enduite de vernis complètement....... 5 100 000
</pre>

Dans ces expériences, l'état des vaisseaux était le même des deux côtés ; l'enduit était par conséquent la seule cause apparente à cette diminution de globules.

On voit donc que la richesse globulaire est en rapport non-seulement avec l'état de la circulation, mais encore avec l'évaporation cutanée, augmentant quand on favorise celle-ci, diminuant lorsqu'on l'empêche.

Il ne suffit pas de constater des faits, il faut encore essayer de les expliquer. D'une façon générale, l'augmentation des globules du sang dans les capillaires cutanés, et cela s'applique également aux artérioles, se peut expliquer de deux façons :

Soit qu'il se produise des globules dans les petits vaisseaux, ou, ce qui serait plus exact peut-être, qu'il s'en produise plus qu'il ne s'en détruit ;

Soit que dans ces parties de l'arbre circulatoire le sang perde plus de liquide qu'il n'en reçoit, d'où concentration des globules.

Dans la première hypothèse nous aurions affaire à un phénomène d'ordre vital, et l'augmentation des globules serait absolue. Dans la seconde, le phénomène serait d'ordre physique et l'augmentation ne serait que relative.

Je n'ai jusqu'à présent aucun fait qui pour la peau puisse venir à l'appui de la première hypothèse et ceux que j'ai recueillis cadrent mal avec elle. Comment concevoir avec nos notions actuelles de physiologie que le fait de raser une oreille de lapin, et de mettre obstacle au retour du sang veineux augmente la production des globules, la diminue au contraire quand on paralyse ses vaisseaux ou qu'on la recouvre d'un vernis imperméable?

La seconde hypothèse paraît au contraire bien plus vraisemblable : n'est-ce pas le plasma sanguin qui donne sans cesse cette sérosité cellulaire, véritable milieu intérieur qui dessert les glandes, fournit à l'évaporation cutanée et dont le reste est ensuite repris par le système lymphatique? N'est-il pas évident que c'est dans les capillaires que se fait ce départ et qu'il doit en résulter une diminution de la partie liquide du sang et par suite une concentration des globules si ceux-ci ne sont pas détruits? Et alors tout s'explique, le nombre des globules augmentera ou diminuera, selon que la sortie du plasma sanguin sera plus ou moins favorisée.

Vous coupez le grand sympathique : les vaisseaux se dilatent; le sang passe plus rapidement et en plus grande quantité dans les capillaires; la sortie du plasma est peut-être plus considérable, mais, se répartissant sur une plus grande quantité de sang, elle se fait moins sentir dans chaque portion de sang qui passe, celui-ci abandonne moins de plasma, conserve davantage ses caractères de sang artériel, le nombre des globules est moins élevé.

Vous mettez obstacle à la circulation : des phénomènes inverses se passent; le sang continuant à arriver dans les capillaires, la pression sanguine augmente; les vaisseaux se distendent; la sortie du plasma augmente, si bien même que dans certaines circonstances il se produit de l'œdème; mais les globules ne passant pas ou ne passant que peu, se trouvent par cela même concentrés.

Vous rasez l'oreille d'un lapin et vous trouvez que les globules sont plus nombreux dans les capillaires : n'est-il pas raisonnable d'admettre qu'en mettant à nu l'oreille de ce lapin, vous avez favorisé chez elle l'évaporation cutanée; tandis que lorsque vous l'enduisez d'un vernis imperméable, vous empêchez cette évaporation et diminuez d'autant la sortie du plasma sanguin et par conséquent la concentration des globules.

Quant au rôle que joue l'absorption lymphatique dans cette concentration de sang, on peut s'en donner une idée en comparant, comme nous le ferons plus loin (p. 69) le sang veineux avant ou après l'arrivée de la lymphe. Si l'animal a été mis à la diète, les liquides de la lymphe ont été évidemment soustraits au sang, et on pourra juger par la dilution produite par l'arrivée de la lymphe, de ce qu'a été la concentration produite par le départ de cette lymphe dans les capillaires. Et comme la peau est un des tissus les plus riches en lymphatiques, il est rationnel d'admettre qu'elle présente ce phénomène à un haut degré.

Je pense donc que l'augmentation des globules rouges que j'ai constatée dans les capillaires de la peau, tient en majeure partie, sinon complètement, à la sortie d'une certaine quantité des liquides du sang hors des vaisseaux ; et que les variations que l'on peut constater dans cette concentration tiennent à ce que cette sortie des liquides est plus ou moins favorisée ou empêchée.

Au premier abord, ce ne sont là que de bien petits faits, mais quand on pense qu'ils se repètent sur toute la surface cutanée, que cette surface a un développement considérable; quand on réfléchit aux nombreuses variations de température, d'humidité, etc., que présente notre milieu extérieur, et au fait que c'est la peau qui en subit les premières influences, on conçoit que les modifications qui en résultent, si petites qu'elles soient, se trouvent singulièrement multipliées et doivent avoir un grand retentissement sur la composition de la masse totale du sang.

Quand on examine le sang dans les veinules très-voisines du réseau capillaire cutané on ne trouve pas de différences appréciable entre ce sang et celui des capillaires proprement dits ; c'est ce dont je me suis assuré en prenant du sang sur une oreille de lapin, soit dans le réseau capillaire de l'extrémité de l'oreille, soit dans les grosses veines de la racine de l'oreille.

Mais dans d'autres expériences où je prenais du sang des capillaires cutanés et du sang de veines plus ou moins éloignées, étant par conséquent mélangé de sang provenant d'autres tissus, j'ai constaté des différences très-notables.

Sur deux coqs j'ai comparé le sang obtenu par une coupure de la crête avec le sang pris dans la jugulaire.

	Coq nº 1.	Coq nₒ 2.
Sang de la crête.........	3 300 000	2 100 000
— de la jugulaire.....	2 400 000	2 000 000

M. L..., interne des hôpitaux, se fait saigner pour transfuser son sang à un malade :

Sang du doigt...............	4 300 000
—₁ de la veine...............	4 000 000

Un homme atteint de pneumonie est saigné :

Sang du doigt....	3 100 000
— de la veine.......... ...	2 600 000

Dans des cas où il n'y avait pas lieu de faire des saignées, nous avons pu, M. Potain et moi, avoir encore du sang veineux en nous servant d'une aiguille creuse très-fine, pour piquer la veine. Cette aiguille était ajustée sur un tube de verre, de 2 cent. de long et assez large pour recevoir le mélangeur ; un anneau en caoutchouc réunissait le tube de verre au mélangeur. La veine étant piquée, on aspirait avec le tube en caoutchouc du mélangeur ; le sang arrivait par l'aiguille dans le tube en verre ; quand on jugeait que la goutte de sang était suffisante, on enfonçait le mélangeur jusqu'à ce que son extrémité vînt toucher la goutte de sang, on aspirait alors dans le mélangeur la quantité de sang nécessaire pour faire le mélange, puis on retirait le mélangeur du tube en défaisant l'anneau en caoutchouc, et pour le reste on opérait comme d'habitude. Inutile d'ajouter que cette opération doit être faite avec le plus grand soin ; elle est du reste peu douloureuse, et le seul accident que nous ayons eu a été une légère ecchymose.

Voici les résultats que nous avons obtenus :

	Sang du doigt.	Sang de la veine.
Femme chloro-anémique..............	4 000 000	3 800 000
— id.....................	3 900 000	3 600 000
— id. et hystérique.........,	3 500 000	3 300 000
— cancer de l'utérus.............	2 600 000	2 600 000

Dans ce dernier cas le sang provenait d'une des veines superficielles de l'avant-bras, dans les autres, d'une des veines du pli du coude.

En calculant la moyenne de ces quatre cas et des deux précédents, on a :

Sang du doigt.............	3 560 000
— de la veine.............	3 310 000

En prenant le rapport, on voit qu'il y a 1,07 fois moins de globules dans la veine qu'au doigt. En admettant même qu'il y ait dans ces chiffres une erreur de 3 p. 100, que cette erreur soit en plus pour le chiffre du doigt, en moins pour le chiffre de la veine, il existe encore une différence de près 44 000 en faveur du sang du doigt. On peut donc regarder comme parfaitement certain le fait de la diminution de la richesse globulaire du sang veineux à mesure qu'il s'éloigne de la peau.

Il y a-t-il eu destruction de globules ou augmentation de plasma? Les veines résorberaient-elles une partie des liquides interstitiels? N'y a-t-il pas eu simplement mélange du sang veineux cutané avec un sang veineux moins riche provenant d'autres tissus et d'autres organes? Cette dernière hypothèse, tout en n'étant peut-être pas la seule vraie, est au moins fort vraisemblable, car le sang des veines profondes est moins riche que le sang des veines superficielles.

Pallas (1), en prenant le rapport des parties solides, bien desséchées, aux parties liquides a trouvé :

Dans une première expérience :

Sang sucé par des sangsues. $\dfrac{3.100}{17.350}$ soit $\dfrac{1}{5,5}$

— de ventouses scarifiées. $\dfrac{3.000}{17.400}$ — $\dfrac{1}{5,8}$

— veineux.............. $\dfrac{2.550}{17.400}$ — $\dfrac{1}{6,8}$

Dans une deuxième expérience :

Sang capillaire............. $\dfrac{2.650}{18.100}$ soit $\dfrac{1}{6,8}$

— veineux.............. $\dfrac{2.550}{18.800}$ — $\dfrac{1}{7,3}$

Les expérimentateurs qui ont voulu contrôler les résultats de Pallas disent tous, Denis (2) entre autres, ne pas avoir trouvé de différence notable entre le sang veineux et le sang des capillaires cutanés. Cependant, dans un des tableaux que nous a laissés ce dernier auteur, on trouve une analyse d'hématosine et de matières en suspension, du sang de saignée et du sang de ventouses, laquelle est en rapport avec les faits avancés par Pallas.

Pour 100 parties de sang :

	Sang ventouses.	Sang saignée.
1° Hématosine................	13,34	13,16
2° Matières en suspension.....	13,41	13,23

Denis regardait probablement ces différences comme trop peu considérables pour devoir en tenir compte.

(1) PALLAS, Journal de chimie médicale, 1828, t. IV, p. 465 (Mémoire envoyé en 1826 à l'Académie de médecine).

(2) DENIS, Recherches expérimentales sur le sang humain considéré à l'état sain, 1830 (Mémoire présenté à l'Académie des sciences en 1828), p. 72.

SANG VEINEUX DES MUSCLES.

Sur un chien très-vigoureux (1), une des veines du muscle droit antérieur de la cuisse a été découverte et liée près de son embouchure dans la fémorale ; une ouverture a été faite du côté du bout périphérique, et on a laissé le sang s'écouler. Le filet nerveux qui se rendait à ce muscle a été également découvert. Après avoir laissé les choses en place et le chien se calmer, une première numération de sang veineux a été faite ; puis le nerf a été lié et coupé, et deux numérations successives ont été pratiquées (pendant la première prise de sang, le chien s'était un peu agité) ; le bout périphérique étant ensuite fortement électrisé, le muscle est entré en tétanos et le sang a encore été examiné deux fois de suite.

Les résultats ont été les suivants :

Sang veineux avant la section du nerf........		5 320 000
— après la section du nerf............	1°	4 424 000
	2°	4 200 000
— pendant l'excitation du nerf.........	1°	5 768 000
	2°	5 880 000

C'est-à-dire que, pendant la paralysie, le sang veineux sortant du muscle est devenu 1,23 fois plus pauvre en globules ; tandis que, pendant la contraction, il est devenu 1,09 plus riche. Et les différences sont telles qu'il n'y a pas à invoquer des erreurs de numération.

Quant à l'explication de ces faits, il me semble qu'il est inutile de faire intervenir des formations de globules ou des destructions ; et, qu'il est plus juste de les mettre sur le compte de changements dans la circulation, le sang se concentrant peu quand les vaisseaux sont largement ouverts (paralysie), se concentrant beaucoup quand il y a

(1) Ces opérations ont été faites par M. P. Picard, préparateur de M. Cl. Bernard.

obstacle à la circulation (contraction). Bref, il se passerait là ce que nous avons constaté déjà à la peau.

Il est intéressant de rapprocher ces résultats d'autres entièrement connus ; on sait qu'après la section du nerf musculaire, le sang veineux sort plus rouge et plus abondant ; tandis que pendant la contraction, il soit plus noir et en plus petite quantité. Pendant la paralysie (1) le sang est plus riche en oxygène, plus pauvre en acide carbonique ; pendant la contraction, au contraire, la proportion d'oxygène diminue tandis que celle de l'acide carbonique augmente.

SANG VEINEUX DES MEMBRES.

Le sang veineux des membres, étant formé en majeure partie par le mélange du sang des capillaires cutanés et musculaires, doit, si les observations précédentes sont exactes, reproduire des phénomènes analogues à ceux que présentent le sang de la peau et celui des muscles.

C'est ce dont j'ai pu m'assurer dans des expériences que M. Cl. Bernard faisait pour son cours. En comparant sur des chiens le sang de l'artère fémorale et celui de la veine, j'ai trouvé :

	Artère fémorale.	Veine fémorale.
Chien n° 1.........	5 600 000	6 100 000
Chien n° 2.....	4 000 000	4 400 000
Moyenne....	4 800 000	5 250 000

C'est-à-dire que le sang veineux qui sort des membres est 1,09 fois plus riche en globules rouges que le sang artériel qui y arrive.

Il faut, dans ces expériences, laisser couler un moment le sang veineux, sans quoi on trouverait une trop grande augmentation du nombre des globules, due à l'obstacle à la circulation par suite de la ligature.

(1) Cl. Bernard, Leçons sur les tissus vivants, p. 222.

Sur deux chiens, la veine fémorale étant restée liée pendant quelques minutes, j'ai pris du sang aussitôt après l'ouverture de la veine, puis quelques instants plus tard.

	Chien n° 1.	Chien no 2.
Sang coulant librement..............	6 100 000	5 600 000
— après ligature de 10 minutes.....	7 500 000	5 040 000

Il s'est donc passé ici ce que nous avions constaté sur l'oreille du lapin (v. page 41), une concentration du sang.

Dans une autre expérience, j'ai pu me rendre compte des effets produits par la paralysie et l'excitation des nerfs.

La veine fémorale d'un chien étant ouverte, on coupe le sciatique; le sang de noir qu'il était, devient en peu de temps rouge et sort par saccades. On galvanise le bout périphérique, le sang redevient noir et coule beaucoup moins abondamment, en plus petite quantité même qu'avant la section ; les chiffres des globules ont été :

Veine fémorale avant section du sciatique..	5 040 000
— après section...............	4 760 000
— pendant galvanisation.......	5 488 000

Il s'est donc passé là pour le membre tout entier, ce que nous avions constaté déjà d'une part sur l'oreille du lapin, d'autre part sur le muscle droit antérieur du chien ; et les explications que nous avons données peuvent également s'appliquer ici.

Krimer (1) avait constaté dès 1820 que lorsque le nerfs de la patte d'un animal sont coupés, le sang devient plus veineux et que par la galvanisation, la transformation se rétablit. — M. Bernard (2) a vu que sur un lapin auquel on coupait la moelle à la partie supérieure de la région dorsale le sang artériel ne se changeait plus en sang veineux dans

(1) KRIMER, cité par Burdach. Traité de physiol., trad. Jourdan, t. VI, p. 471.
(2) Cl. BERNARD, Leçons sur les liquides de l'organisme, t. 1, pp. 266-267.

les parties inférieures à la section. — Brown-Séquard (1) a montré que ces phénomènes étaient plus sensibles lorsqu'on coupait un nerf mixte que lorsqu'on sectionnait une des racines; la veine postérieure surtout, etc. Mais je n'ai trouvé signalé rien qui se rapproche de ces curieuses variations dans la richesse globulaire.

SANG VEINEUX DU CERVEAU ET DE LA TÊTE.

Dans une expérience sur un chien, où M. Cl. Bernard fit une prise de sang dans le pressoir d'Hérophile en perforant le crâne, j'ai comparé ce sang à celui de l'artère fémorale.

    Sang de l'artère fémorale.......... 5 600 000
      — du pressoir d'Hérophile...... 5 700 000

Le sang serait donc un peu plus riche dans les sinus qui reçoivent les veines cérébrales, que dans les artères.

On ne peut guère admettre qu'il se soit fait des globules dans les capillaires du cerveau ou dans les sinus; et comme il n'y a là ni évaporation ni sécrétion, on est conduit à penser que cette augmentation des globules est due à une concentration du sang résultant de l'absorption des liquides par les lymphatiques.

Cette concentration est d'ailleurs peu considérable (1,01 fois seulement), c'est pourquoi le sang des veines du cou est si peu riche en globules; le sang plus concentré de la peau de la tête se trouvant singulièrement dilué par le sang veineux cérébral qui vient s'y mêler en assez forte proportion. Nous avons déjà remarqué plus haut (page 45) que le sang des veines du cou était plus pauvre que le sang de la peau.

Il est fort probable que lorsque le sympathique est coupé, le sang veineux du cou est encore moins concentré.

(1) BROWN-SÉQUARD, Archives de physiologie.

SANG VEINEUX GLANDULAIRE.

J'ai étudié tout d'abord les glandes proprement dites, celles qui fournissent un produit de secrétion qui est rejeté au dehors, excrété; j'ai choisi la glande sous-maxillaire comme type de glande à sécrétion intermittente, et le rein comme type à sécrétion continue.

Glande sous-maxillaire. — M. P. Picard a bien voulu répéter pour moi la belle expérience de M. Cl. Bernard, sur la glande sous-maxillaire :

Sur un chien vigoureux, mais qui avait déjà subi plusieurs hémorrhagies (d'où sans doute les chiffres peu élevés de globules), une veinule émergeant de la glande sous-maxillaire est mise à nu, et on y place une canule; le nerf tympanico-lingual est coupé; le sang coule moins bien et plus foncé; on excite le bout périphérique, le sang arrive plus abondamment et devient rouge; les filets du grand sympathique sont coupés, le sang sort encore plus rutilant et en plus grande quantité qu'après l'excitation des filets de la corde du tympan; on excite enfin les filets du sympathique et le sang redevient noir et coule moins facilement.

Tout s'est donc passé, dans cette expérience, comme à l'ordinaire; or, voici les variations qu'à présentées la richesse globulaire, dans les différentes périodes de l'expérience.

Sang veineux avant toute action sur les nerfs			4 088 000
— après section du nerf tympanico-lingual			4 480 000
— pendant l'excitation du bout périphérique	1°		3 360 000
	2°		3 304 000
— après section du grand sympathique	1°		3 080 000
	2°		3 024 000
— pendant l'excitation du grand sympathique			3 640 000

C'est-à-dire que toutes les influences qui ont produit une

(1) Cl. Bernard, Académie des sciences, 1858.

contraction des vaisseaux, un ralentissement de la circulation, ont amené une augmentation des globules rouges ; tandis que celles qui ont eu pour effet de dilater les vaisseaux
et d'activer la circulation, ont causé une diminution de la
richesse globulaire.

Quand on compare ces résultats à ceux que nous avons
déjà observés, à propos de la peau et des muscles, ils paraissent tout naturels, et on est tenté de leur appliquer la
même explication.

Mais ici le cas est plus complexe : l'augmentation de la
vascularisation coïncide, comme on le sait, avec l'état d'activité de la glande, et il peut paraître paradoxal de trouver
un sang moins riche en globules, plus riche en liquide
donc, juste au moment où la glande fournit une plus grande
quantité de salive, un liquide qui contient environ 99 p. 100
d'eau !

Faut-il admettre ici une autre cause à cette diminution
des globules? La destruction d'un certain nombre d'entre
eux, par exemple? — La chose est possible, mais je crois
qu'on peut très-bien se rendre compte de cette apparente
contradiction, par la simple augmentation de l'irrigation
sanguine et de la dilatation des vaisseaux.

Quand un vaisseau se dilate, le volume intérieur et la
surface extérieure augmentent, mais ces deux valeurs n'augmentent pas également ; à longueur égale, et en supposant
le vaisseau cylindrique, les volumes augmenteront comme
les carrés des rayons, tandis que les surfaces n'augmenteront
que proportionnellement aux rayons ; si, par exemple, le
vaisseau double de diamètre, le volume, dans la même longueur, sera 4 fois plus grand, tandis que la surface n'aura
crû que 2 fois.

Or, on peut dire, toutes choses étant égales d'ailleurs,
que le débit sanguin est en rapport avec la capacité des
vaisseaux, tandis que les échanges osmotiques, les pertes de

liquide sont proportionnels à leur surface. Si donc un vaisseau double de diamètre, le débit sanguin sera 4 fois plus considérable, tandis que les pertes de liquide ne seront que 2 fois plus grandes. Ce qui revient à dire que les pertes de liquide, proportionnellement au volume du sang, seront devenues 2 fois plus petites ; par conséquent, la concentration du sang 2 fois moins considérable.

M. Cl. Bernard (1) a, du reste, constaté que pendant l'excitation du nerf tympanico-lingual, c'est-à-dire lorsque la glande sécrétait, il sortait 4 fois plus de sang que lorsque la glande était au repos. D'après ce que nous avons dit, nous devrions donc trouver, dans les mêmes circonstances, 2 fois moins de globules ; or, en comparant les chiffres que nous avons obtenus, nous voyons que la diminution n'a pas été si considérable, 1,22 fois seulement.

En cela, rien qui doive nous étonner, car les résultats obtenus appartiennent à des expériences différentes, et surtout les choses ne se passent pas aussi simplement que nous l'avons supposé ; il est fort probable, par exemple, que l'amincissement, l'augmentation de pression qui se produisent en même temps que la dilatation vasculaire, favorisent les pertes de liquides, et que, par suite, celles-ci ne sont plus semblables à surface égale dans un vaisseau dilaté ou non dilaté, ce que justement nous avions supposé. Je regarde cette légère divergence entre la théorie et l'expérience comme incapable d'infirmer l'explication que j'ai donnée de ce curieux phénomène, de la diminution des globules du sang, dans le sang veineux d'une glande qui fonctionne.

On pourrait objecter à mes résultats ceux de M. Cl. Bernard (2) qui, en analysant le sang veineux de la glande, en repos et en activité, a trouvé une plus forte proportion de matériaux solides, et moins d'eau dans la période d'activité.

(1) Cl. BERNARD, Leçons sur les liquides de l'organisme, t. II, p. 272.
(2) Cl. BERNARD, Leçons sur les liquides de l'organisme, t. II, p. 454.

Mais je répondrai que cela ne prouve qu'une chose, c'est que le nombre des globules n'est pas toujours en rapport avec la proportion des matériaux solides du sang; ce qui est conforme à ce que nous avons déjà vu à propos du poids des globules et de la couleur du sang (V. page 6). Les faits, lorsqu'ils sont exacts, ne peuvent être en contradiction, et s'ils nous paraissent tels, c'est que, dans notre ignorance, nous ne les envisageons pas sous tous leurs points de vue.

Rein. — Pour obtenir le sang veineux rénal, une incision a été pratiquée sur le flanc droit, en avant des masses musculaires, et, par cette incision, on a attiré au dehors le rein sans ouvrir le péritoine; une ligature a été placée sur la veine rénale, et une incision faite sur le bout périphérique, de telle sorte que le sang qui s'écoulait librement était pur de tout mélange avec la veine cave. Le sang artériel a été pris, non pas dans l'artère rénale, mais dans la carotide, parce que cela simplifiait l'opération, et qu'il ne pouvait en résulter d'erreurs, puisque nous avons vu que les différences qui peuvent exister entre le sang des grosses artères ne sont pas perceptibles par ma méthode.

Ces diverses opérations ont été faites par M. P. Picard, sur une jeune chienne à jeun, puis sur un jeune chien à peu près du même âge, mais en pleine digestion; le sang est sorti rouge dans les deux cas, plus rouge peut-être dans le second (1). Les numérations m'ont donné :

	Chienne à jeun.	Chien en digestion.
Sang artériel.......	4 760,000	4 060,000
— veineux......	4 900,000	4 200,000

En prenant les rapports dans ces deux cas, on voit que le sang veineux a gagné un nombre à peu près égal, mais assez faible, de globules (1,029 à 1,034). Ces différences sont

(1) Cl. Bernard, 1845.

assez considérables, pour qu'on ne puisse les attribuer à des erreurs; mais elles sont assez petites pour qu'on ne doive pas se fier à elles pour donner exactement la mesure du phénomène. De telle sorte que des numérations précédentes nous pouvons parfaitement en conclure que le nombre des globules augmente en passant dans les reins; mais nous ne pouvons exactement savoir s'il se concentre plus ou moins dans les deux cas. Et quand bien même la méthode de numération nous donnerait cette certitude, nous ne pourrions en conclure que la digestion est sans influence sur la concentration du sang dans les reins, parce que les manœuvres qu'on fait subir à ces organes dans l'opération peuvent très-bien exciter leurs fonctions, au point de faire disparaître des différences qui existaient lorsque rien ne les troublait.

A quoi tient l'augmentation des globules rouges dans le sang veineux rénal? Je crois que personne ne fera de difficulté pour admettre qu'il est vraisemblable que cela tient, non pas à une formation nouvelle de globules, mais à la perte de liquides qui passent dans les urines, d'où concentration du sang. Et si l'on s'étonne qu'une fonction si active produise une concentration si faible, je renverrai à ce que j'ai dit plus haut à propos de la glande sous-maxillaire, qui, en sa qualité de glande à fonction non continue, nous a permis d'étudier la concentration du sang; l'état de repos et d'activité nous a montré, fait paradoxal en apparence, que le sang se concentrait le moins, alors que la glande sécrétait le plus. J'ai expliqué alors cette diminution de la concentration par la suractivité circulatoire, et je crois qu'ici on peut faire un raisonnement analogue, et dire que si le sang se concentre si peu en passant dans les reins, c'est qu'il en passe des quantités considérables, et que la perte de liquide se répartissant sur cette énorme masse est à peine sensible pour chaque fraction de cette masse.

M. Brown-Séquard (1) a calculé qu'il devait passer en vingt-quatre heures par les artères rénales, environ 938 kil. de sang.

Or comme la quantité d'urine excrétée en vingt-quatre heures est de 1 à 2 kilogr. soit 1, 5 kil. ; comme évidemment cette quantité d'urine a été prise au sang, il ne sortira plus par la veine que 936, 5 kil. de sang ; en admettant bien entendu que la sécrétion rénale soit la seule cause de déperdition pour le plasma sanguin ; ce qui n'est certainement pas exact et fait que ce chiffre est trop fort. Néanmoins, si on suppose que dans ce passage à travers le rein le chiffre des globules n'a pas changé, leur nombre sera devenu plus grand sous un même volume, et le degré de concentration nous sera donné par le rapport entre le volume primitif et le volume actuel.

En calculant on trouve 1, 001, c'est-à-dire que le sang veineux contient sous un même volume 1, 001 fois autant de globules que le sang artériel, chiffre qui doit être trop faible puisque nous n'avons tenu compte dans cette concentration que de la perte par les urines.

D'autre part Fr. Simon a constaté chimiquement que sur 100 parties de sang, le sang veineux rénal ne contenait que 778 d'eau, tandis que le sang artériel en contenait 790. C'est-à-dire que pour 100 parties de sang il y a dans le sang qui traverse le rein une perte de 12 parties d'eau. En admettant la densité du sang artériel égale à 1, 05 on aurait d'après ces données une perte de 12 volumes d'eau pour 95, 238 vol. de sang.

Et si comme précédemment nous supposons que le nombre de globules n'a pas diminué dans leur passage à travers le rein, si nous calculons le degré de concentration résul-

(1) Brown-Séquard, Journal de la physiologie de l'homme et des animaux, 1858, t. 1, p. 305.

Fr. Simon, Animal chemistry, t. II, p. 214, cité par Milne Edwards, Leçons sur la physiologie et l'anatomie comparée, etc., t. VII, p. 460.

tant de la perte de liquide, nous trouvons que les globules
sont dans le sang veineux 1, 145 fois plus nombreux que
dans le sang artériel.

Eh bien, si on compare le degré moyen de concentration
que j'ai obtenu directement par la numération, à ces degrés
de concentration tout théoriques qu'on peut déduire des expériences de Fr. Simon et de M. Brown-Séquard, on voit
que ce degré est intermédiaire aux deux autres (1, 031 pour
1, 001 et 1, 145) et qu'il se rapproche assez de leur moyenne.
Ce qui nous prouve que par la numération des globules on
arrive à des résultats qui sont jusqu'à un certain point con-
cordants avec d'autres obtenus par d'autres méthodes et
d'autres observateurs.

SANG VEINEUX MÉSENTÉRIQUE.

Pour obtenir ce sang, une incision a été faite à la paroi
abdominale et une anse intestinale a été attirée au dehors.
Comme terme de comparaison, du sang a été pris dans un
gros tronc artériel : carotide ou fémorale. J'ai trouvé,

Sur un chien à jeun :

Carotide..	4 760 000
Origine d'une veine mésentérique..............	5 040 000

Sur un autre :

Fémorale..	5 600 000
Tronc de la veine rectale.........................	6 000 000

Chez un lapin :

Carotide..	5 000 000
Tronc mésentérique...............................	5 300 000

Prenant les rapports on trouve que le nombre des globules
est dans les veines 1, 05—1, 06—1, 07 fois plus considérable
que dans le sang artériel. Il se fait donc dans les capillaires
de l'intestin comme dans ceux de la peau une augmentation
des globules rouges. Augmentation que l'on peut expliquer

d'une façon analogue, par une concentration du sang par suite de pertes de liquides.

J'ai comparé à ce point de vue la muqueuse intestinale et la peau,

Sur un cochon d'Inde :

Veine mésentérique...............	4 300 000
Capillaires de l'oreille............	4 800·000

Sur un lapin :

Veine mésentérique............	5 300 000
Veinule de l'oreille...............	5 800 000

Sur un chien :

Veine rectale...................	6 000 000
Veine fémorale.................	6 100 000

La concentration du sang est donc plus considérable dans les capillaires de la peau que dans ceux de l'intestin ; ce qui est dû sans doute à l'absence d'évaporation dans l'intestin.

Sur un jeune chien qui était en pleine digestion stomacale et intestinale, j'ai trouvé :

Carotide............ .	4 060 000
Veine mésentérique.....	3 780 000

C'est-à-dire que non-seulement les globules sont en moins grand nombre que dans l'état de non-digestion, mais que même ils sont plus rares que dans le sang artériel 1, 07 fois en moins. Pour expliquer cette diminution, il est inutile d'admettre une destruction des globules dans les capillaires intestinaux ; il suffit de tenir compte des deux modifications principales qui se passent dans l'intestin pendant la période de digestion : la suractivité secrétoire, et l'absorption.

Les glandes de la muqueuse se comportent probablement comme la sous-maxillaire et fournissent un sang moins concentré, voisin comme richesse globulaire de sang artériel. On conçoit alors qu'il suffise d'une certaine quantité de liquide absorbé et arrivant dans ce sang déjà si peu con-

centré, pour faire tomber le nombre de ses globules bien au-
dessous de ce qu'il est dans le sang artériel.

Il y a bien les contractions intestinales qui, si les choses
se passent comme pour les muscles striés, doivent produire
des effets inverses ; mais, si on examine des préparations
microscopiques d'injections de l'intestin, on peut se con-
vaincre que la vascularisation [musculaire de cet organe
est de bien peu d'importance par rapport à la puissante vascularisation de la muqueuse, que par conséquent les phénomènes qui s'y passent ne peuvent que modifier légèrement
ceux qui ont pour siége la muqueuse elle-même, que ce sont
donc ces derniers qui doivent prédominer une fois que les
deux sangs se sont mélangés.

M. Béclard (1), en faisant des analyses chimiques du
sang de la veine jugulaire et de celui de la veine mésentérique, a également constaté une diminution des globules
dans le sang de la veine mésentérique pendant la période
de digestion.

SANG VEINEUX SPLÉNIQUE.

Pour me donner du sang splénique, M. P. Picard après
avoir fait une incision à la paroi abdominale sur la ligne mé-
diane, plongeait le doigt dans l'abdomen, cherchant à saisir
la veine porte au voisinage du foie ; se servant alors de ce
vaisseau comme d'un guide, il descendait peu à peu jusqu'à
la veine splénique qui était prise dans un fil (2) ; la veine
porte était alors abandonnée, et l'animal laissé en repos un
moment pour que le cours du sang troublé par les manœuvres de l'opération pût reprendre son cours normal.

La veine splénique était alors reprise et liée ; une ouverture était faite sur son bout périphérique et le sang n'était

(1) J. BÉCLARD, Recherches expérimentales sur les fonctions de la rate et
sur celles de la veine porte. Archiv. gén. de méd. 1848, p. 326.

(2) Nous avons toujours eu le soin de constater à l'autopsie que le vaisseau
saisi avait bien été la veine splénique.

recueilli qu'après l'avoir laissé couler librement quelques instants. Dans un cas, où l'estomac étant distendu par les aliments il était difficile de maintenir la veine au voisinage de la plaie abdominale sans la tirailler, une longue canule y avait été placée de façon que la veine pouvait être abandonnée dans sa position normale tout en permettant de recueillir le sang qu'elle fournissait.

Ces précautions sont indispensables ; n'avons-nous pas vu que les obstacles au cours du sang produisaient une concentration des globules. La ligature du bout central de la veine splénique est également très-importante ; parce que j'ai pu m'assurer qu'on obtenait des chiffres inférieurs lorsqu'on prenait du sang dans la veine splénique par simple piqûre de ce vaisseau, c'est-à-dire sans l'avoir isolé du sang porte et mésentérique, Ainsi, sur un chien, le sang pris de cette façon, puis après ligature et avoir laissé le sang s'écouler librement, m'a donné comme nombre des globules par millimètre cube :

Sang splénique par simple plaie de la veine...... 3 780 000
— Après ligature et écoulement libre.......... 4 060 000

Comme le sang mésentérique est peu concentré, et que dans tout le système porte les reflux sanguins sont fréquents et faciles, je pense que cette différence tient à ce que, lorsque la ligature n'est pas posée, il se fait un reflux de ce sang mésentrique ou porte dans la veine splénique au voisinage de son embouchure ; d'où dilution du sang de la rate.

La veine splénique recevant dans son trajet des vaisseaux étrangers à la rate, le sang splénique pouvait en être modifié ; j'ai, dans deux expériences sur des chiens, comparé le sang pris dans un des veinules partant de la rate avec le sang pris au voisinage de la veine porte ; les différences étaient si peu importantes qu'elles rentraient dans les limites de mes erreurs ; aussi dans les expériences qui vont suivre, me suis-je contenté de prendre le sang dans le tronc de la veine splénique au voisinage de la veine porte, ce qui était moins difficile.

Voici les chiffres que j'ai obtenus sur deux jeunes chiens, à peu près de la même taille et du même âge, dont l'un était à la diète et l'autre en pleine digestion.

	Chien à jeun.	Chien en digestion.
Sang de la carotide...............	4 760 000	4 060 000
— de la veine splénique......	5 320 000	4 900 000

Un premier fait, que je signale en passant et sur lequel j'aurai à revenir dans un autre travail : c'est le nombre moins grand de globules rouges dans le sang artériel de l'animal en digestion. Le second, c'est l'augmentation des globules dans le sang de la veine splénique ; et, si on veut bien y faire attention, augmentation plus grande chez l'animal en digestion que chez l'animal à jeun. Chez l'animal à jeun les globules sont dans le sang splénique 1,11 fois plus nombreux que dans le sang artériel ; tandis que chez l'animal en digestion, la proportion est de 1,21. Ne nous occupons d'abord que de ce qui se passe à l'état d'abstinence, et cherchons comme toujours à savoir s'il y a eu perte de liquide ou production nouvelle de globules rouges.

Puisqu'il part de la rate des vaisseaux lymphatiques, il faut bien admettre qu'il est sorti des vaisseaux sanguins une certaine quantité de liquide qui est allé former la lymphe de ces vaisseaux lymphatiques. Mais comme on le sait les vaisseaux lymphatiques émergeant de la rate sont peu nombreux et peu developpés ; puis il n'y a dans cette organe ni évaporation, ni sécrétion ; de sorte que l'augmentation des globules rouges, si elle reconnaît pour seule cause la concentration par perte de liquide, doit-être peu considérable, moins considérable que celle qui se produit dans la peau, par exemple, où nous avons également un départ lymphatique et de plus des phénomènes d'évaporation et d'excrétion.

Eh bien ! dans la peau, le sang veineux n'est que 1,10 fois

plus riche en globules que le sang artériel (v. page 38) ; quand on compare le sang artériel au sang veineux de tout un membre le rapport est encore plus faible 1,09 (v. p. 49). Enfin dans les organes, où l'évaporation cutanée ne peut être invoquée, où il n'y a comme cause de concentration que la perte par les voies lymphatiques et les culs-de-sac glandulaires, les chiffres diminuent bien d'avantage ; dans l'intestin non en digestion, le sang veineux n'est que 1,07 fois plus concentré que le sang artériel (v, page 58); dans le rein 1,03 fois seulement (page 55). Or nous venons de voir que dans la rate le sang veineux était de 1,11 fois à 1,21 plus riche que le sang artériel.

L'hypothèse de la concentration du sang par perte do liquide, ne peut donc suffire à elle seule pour expliquer cette augmentation du nombre des globules dans le sang qui traverse la rate; et il nous faut faire appel à la seule autre hypothèse possible, à la formation de globules rouges dans l'intérieur de cet organe.

La rate serait donc d'après cela un organe formateur des globules rouges.

Et, comme c'est pendant le temps de la digestion (1) que j'ai trouvé la plus grande augmentation de globules, 1,21 au lieu de 1,11, c'est-à-dire 1,09 en plus, il y a lieu de se demander, si à ce moment là la rate ne formerait pas davantage de globules, si ce ne serait pas sa période d'activité glandulaire; ou bien encore, s'il n'y a pas eu simplement une concentration du sang par suite de l'augmentation de tension qui résulte de l'absorption par le sang des liquides digestifs, auquel cas la rate, pendant la digestion, jouerait le rôle d'un réservoir sanguin, d'un véritable trop plein.

(1) M. Cl. Bernard a constaté que, pendant la digestion, le sang veineux splénique était plus noir que pendant l'abstinence. Leçons sur les liquides de l'organisme, t. II, p. 420.

Cette dernière hypothèse est en rapport avec certains faits : il est parfaitement vrai que la rate se tuméfie (1) à la suite des repas, ce qui arrive encore quand la circulation est entravée, quand on introduit une certaine quantité de sang dans les veines d'un animal vivant; et Hewson (2) a vu que sous l'influence d'une augmentation de pression exercée sur le sang dans les vaisseaux de l'intérieur de la rate, les lympathiques de cet organe devenaient turgides.

Mais rien ne prouve que cette tuméfaction de la rate soit dans tous les cas due à une congestion mécanique. Isachkowitz a montré que la rate se congestionne à la suite de la section des nerfs du plexus splénique ; et, d'après Sasse (3), le gonflement de la rate, pendant la digestion, doit être attribuée en partie à l'action nerveuse réflexe excitée par la présence des corps étrangers dans le tube digestif. Il se passerait donc là ce qui se passe à la glande sous-maxillaire lorsque la muqueuse buccale est excitée (Cl. Bernard). La congestion de la rate pendant la digestion, serait en résumé de la même nature que celles de toutes les glandes qui fonctionnent, elle serait due à un relâchement vasculaire et coïnciderait avec le passage d'une plus grande quantité de sang.

Ce débit plus considérable de la veine splénique pendant la digestion paraît en effet très-probable d'après les expériences de Gray, Cl. Bernard, etc.; et, comme nous avons toujours constaté jusqu'à présent une concentration moins grande du sang, lorsque, les vaisseaux étant paralysés, celui-ci traversait un organe en plus grande quantité, il me semble logique d'admettre qu'il doit en être de même pour la rate, que, si on constate dans ces circonstances une

---

(1) Dobson, Gray. etc., cités par M. Milne-Edwards. Leçons sur la physiologie et l'anatomie comparées, t. VII, p. 254.

(2) Hewson, cité par M. Milne Edwards. Id., t. VII, p. 244.

(3) Isachkowitz, Sasse, cités par M. Milne-Edwards, id., t. VII, p. 253.

augmentation des globules, on ne peut l'expliquer par la concentration du sang, et qu'il faut en conclure à l'existence d'un autre phénomène, à la formation nouvelle de globules rouges.

La fonction qu'a la rate de faire des globules rouges présenterait donc son maximun d'intensité au moment de la digestion.

Il est impossible de ne pas remarquer que c'est justement à cette même période que les globules rouges sont les moins nombreux, sont les plus dilués dans les veines mésentériques (v. page 59) ; il en résulte donc que le sang splénique, venant à se mélanger avec le sang mésentérique, doit en contrebalancer la pauvreté par sa richesse globulaire, et atténuer ainsi la dilution du sang que produit l'absorption des liquides de la digestion.

J'ai encore constaté cette même augmentation de globules rouges du sang veineux splénique, chez des chiens mis à la diète, mais qui avaient subi des hémorrhagies antérieures abondantes.

	Chien n° 1.	Chien n° 2.
Sang de la carotide.........	3 416 000	5 400 000
— de la veine splénique..	4 060 000	6 600 000

En prenant le rapport, on voit que les globules étaient dans la veine splénique 1,29 fois plus nombreux que dans le sang artériel chez le premier chien, et 1,22 fois chez le second. Je dois prévenir que ce chien était sous l'influence du curare, et qu'on lui faisait la respiration artificielle.

On ne peut invoquer ici une exagération de la tension sanguine, produisant un départ plus considérable des liquides et une concentration du sang ; il faut donc admettre qu'il s'est formé des globules rouges, et que cette formation est plus énergique que chez l'animal à jeun et qui n'a pas

subi d'hémorrhagies ; les hémorrhagies excitant l'activité
de la rate, comme le ferait la digestion.

Tout se passe donc comme si la rate était le régulateur
de la richesse globulaire du sang.

Un certain nombre de physiologistes (1) ont, par des
moyens chimiques, comparé le sang de la veine splénique ,
soit à celui de l'artère splénique, soit à celui d'autres veines.
Ils ont tous trouvé le sang de la veine splénique moins riche
en globules ; et, ils en ont naturellement conclu que la rate
détruisait les globules rouges de sang. Mais deux de ces savants : Funke et Gray (2) ont, d'autre part, constaté que le
fer était en proportion plus considérable dans le sang veineux
de la rate que dans le sang artériel, bien que ce dernier soit
plus riche en globules ; et il est noté que c'est dans le
caillot du sang, veineux que l'abondance de fer a été
trouvée. De même M. Béclard, tout en ayant toujours observé une diminution des globules dans le sang veineux de
la rate, a remarqué que le chiffre de l'eau « ordinairement
plus grand dans le sang de la veine splénique est quelquefois égal, quelquefois inférieur à celui du sang veineux gé-
néral (3). »

Je ne veux pas discuter ces résultats quelque peu opposés
entre eux, ni les comparer aux miens ; les prises de sang
sur la veine splénique sont tellement entourées de causes
d'erreur, qu'il est très-possible que les auteurs que je viens
de citer ou moi, ayons donné des chiffres inexacts ; comme
il peut très-bien se faire aussi, que nous n'ayons pas commis
d'erreurs, et qu'il y ait entre le sang veineux de la rate et le
sang artériel cette particularité que j'ai déjà signalée au

(1) Béclard, Archives générales de médecine, 1848.

Lehmann (1853) Gray (1854), Funke...., cités par Milne-Edwards. Leçons
sur la physiologie et l'anatomie comparées, t. I, p. 331 et suivantes.

(2) Funke et Gray, cités par M. Milne-Edwards. Leçons sur la physiologie
et l'anatomie comparées, t. VII, p. 259.

(3) V. Béclard. Archiv. gén. méd., 1848

début de ce travail (voir page 6), à propos de la richesse
du sang chez les oiseaux et les mammifères, qu'il y ait un
plus grand nombre de globules sous une plus petite masse
globulaire, de telle sorte que les contradictions entre eux
et moi ne seraient qu'apparentes.

Au milieu de tant d'incertitudes, il serait on ne peut plus
imprudent de décider; et il faut attendre que des expériences
plus précises et plus nombreuses aient éclairé cette importante question.

SANG PORTE.

Le sang de la veine porte, étant le résultat du mélange du
sang des veines mésentériques et de celui de la veine splénique, doit évidemment être plus riche en globules que le
premier, moins que le second; et cette richesse doit varier
selon la richesse de ces deux sangs, et selon leur proportion.

Je n'ai pas encore eu le temps d'en chercher la preuve expérimentale. Il eut cependant été très-intéressant de savoir,
par exemple, dans quelle proportion la dilution du sang
mésentérique de la digestion est compensée par l'augmentation des globules du sang splénique, et si la richesse globulaire du sang porte varie pendant la digestion, et de com-
bien elle varie.

Il existe déjà dans la science quelques travaux au point
de vue de la masse globulaire du sang porte, mais pas encore
au point de vue du nombre. Je n'en parlerai pas pour le
moment, puisque de la masse on ne peut avec certitude
conclure au nombre.

SANG DES VEINES SUS-HÉPATIQNES.

Pour prendre le sang des veines sus-hépatiques, l'abdomen était largement ouvert, le foie écarté du diaphragme,
et les veines sus-hépatiques blessées. Ces opérations sont
si graves, que leurs résultats peuvent très-bien être entachés d'erreurs.

Dans une première expérience, faite sur un lapin par M. Ranvier, j'ai comparé le sang de la veine sus-hépatique avec le sang qui arrive au foie, c'est-à-dire avec le sang porte et le sang artériel.

Sang artériel (carotide)........ 5 000 000
— de la veine porte........ 5 300 000
— sus-hépatique............. 5 000 000

Et comme la proportion de sang qui arrive au foie par l'artère hépatique paraît peu considérable, par rapport à la quantité fournie par la veine porte; on voit qu'en somme la richesse globulaire du sang a diminué dans son passage à travers le foie.

Craignant que dans l'expérience précédente, il n'y eût eu reflux du sang de la veine cave, j'ai, dans une autre expérience, faite sur un cochon d'Inde également par M. Ranvier, pris du sang dans la veine cave puis dans la veine sus-hépatique.

Sang de la veine sus-hépatique..... 3 000 000
— de la veine cave............. 3 300 000

Si donc il y a eu reflux du sang cave dans la veine sus-hépatique, l'erreur n'aurait fait que rendre moins sensible la pauvreté du sang sus-hépatique.

Cette pauvreté du sang sus-hépatique ne peut s'expliquer par l'apport de liquides venant diluer le sang; force est d'admettre une destruction des globules. Ce qui, du reste, est en rapport avec les fonctions du foie, les matières colorantes biliaires étant considérées comme des produits de décomposition des globules rouges.

Le foie serait donc, au point de vue des globules rouges l'antagoniste de la rate, et puisque la richesse globulaire du sang reste d'une façon générale assez sensiblement la même, il est probable qu'il se fait entre ces deux organes une espèce de compensation.

Lehmann (1) est arrivé, par des procédés chimiques, à des résultats opposés, sinon en réalité, en apparence tout au moins; il a trouvé sur un cheval, ayant mangé depuis quatre heures, 66 pour 100 de globules humides dans le sang arrivant au foie, et 74 pour 100 dans le sang qui en sortait. Je n'ai à ce propos, rien à ajouter en plus de ce que j'ai dit (p. 66) au sujet du désaccord qui existait entre mes résultats sur le sang splénique, et ceux d'observateurs des plus recommandables.

SANG DES GROS TRONCS VEINEUX.

La richesse globulaire des gros troncs veineux qui arrivent au cœur droit n'est pas partout la même. Ces variations paraissent dépendre presque uniquement de la richesse globulaire et du débit des affluents que reçoivent ces gros troncs veineux.

Dans la veine sous-clavière débouche, comme on le sait, le canal thoracique, et la lymphe vient s'y mêler au sang; il était facile de prévoir que le sang devait être dilué par l'arrivée de la lymphe qui est pauvre en globules rouges. C'est en effet ce dont j'ai pu m'assurer sur un chien en digestion, dans une expérience que M. P. Picard faisait sous la direction de M. Cl. Bernard et dans laquelle il était pris du sang avant et après l'arrivée de la lymphe; le nombre de globules était :

Avant l'arrivée de la lymphe......... 5 800 000
Après......................:........... 5 300 000

C'est-à-dire que le mélange de la lymphe avait rendu les globules rouges 1,09 fois moins nombreux. Il est fort probable que, sur l'animal à jeun, cette dilution eût été bien moins marquée.

Dans une autre expérience, également faite par M. P. Picard pour le cours de M. Cl. Bernard, j'ai pu faire la numération du sang pris sur un chien dans la veine cave inférieure

(1) LEHMANN, Lehrb. der physiol. chem., cité par Milne-Edwards, t. I, p. 358.

Malassez.   6 au-dessous du foie, et du sang pris dans le cœur droit, j'ai trouvé :

Sang de la veine cave inférieure au-dessous du foie.. 4 400 000
— du cœur droit..... .... 4 300 000

Je pense que cette diminution des globules est due à l'arrivée du sang sus-hépatique que j'ai constaté plus pauvre en globules que celui de la veine cave (V. page 70).

Sur un autre chien auquel M. Cl. Bernard, introduisant une sonde par la jugulaire, prenait du sang dans la veine cave supérieure et dans la veine cave inférieure, je suis arrivé pour les deux sangs au même nombre de globules :

5 600 000

Les différences qui pouvaient exister entre eux rentraient donc dans les limites de mes erreurs, et il est curieux de voir deux sangs provenant de sources si différentes, avoir à peu près le même chiffre de globules. Je dois prévenir que, dans cette expérience, l'animal était curarisé et qu'on lui pratiquait la respiration artificielle; ce qui n'a peut-être pas été sans troubler les variations normales de la richesse globulaire.

SANG DES VEINES PULMONAIRES.

L'évaporation considérable qui se fait par les poumons m'avait fait penser que le sang devait se concentrer en traversant le poumon. Profitant d'expériences faites par M. Bernard, j'ai fait la numération du sang du cœur droit et du sang pris dans la carotide, les résultats ont été les mêmes :

5 600 000

Ce qui tendrait à prouver que l'évaporation pulmonaire ne se fait pas, ou du moins en petite quantité, par les vaisseaux pulmonaires proprement dits, probablement par les vaisseaux bronchiques; je n'oserais affirmer qu'il n'y ait pas eu là de causes d'erreurs. C'était le même chien que dans l'expérience précédente ; il était curarisé et on lui pratiquait la respiration artificielle.

CONCLUSIONS.

La richesse globulaire du sang, ou mieux le nombre de globules rouges par millimètre cube est extrêmement variable dans les différentes parties de l'arbre circulatoire.

Ces variations ont leur principal point de départ dans les capillaires et peut-être aussi dans les petits vaisseaux, artérioles et veinules.

Elles sont différentes de sens et d'intensité suivant les tissus et les organes, suivant l'état fonctionnel de ces tissus ou de ces organes.

La diminution de la richesse globulaire est due soit à une destruction des globules (foie?), *diminution réelle*; soit à l'absorption de liquides produisant une dilution du sang (intestin pendant la digestion), *diminution apparente*.

L'augmentation de la richesse globulaire est due soit à une formation de globules (rate?), *augmentation réelle*; soit à l'exosmose d'une certaine quantité de la partie liquide du sang, laquelle est ensuite ou perdue par évaporation, ou employée aux sécrétions, ou reprise par les lymphatiques (peau, muscles, glandes sous-maxillaires, reins...), *augmentation apparente*.

Ces diminutions ou ces augmentations sont en raison directe de l'intensité des causes que nous venons d'indiquer, en raison inverse des quantités de sang qui passent dans les capillaires et sur lesquels agissent les causes susnommées. C'est ainsi que le sang se concentre moins dans une glande alors qu'elle sécrète le plus.

Les variations que l'on constate dans les gros vaisseaux paraissent être secondaires. Toutes choses étant égales d'ailleurs, elles sont nulles ou peu marquées dans le système artériel. — Elles sont, au contraire, très-marquées dans le système veineux. Cette différence résulte de ce que le sang artériel provient d'un seul tissu, tandis que le sang veineux est formé par le mélange de sangs provenant de sources très-différentes. On ne peut donc, comme l'ont autrefois tenté beaucoup d'observateurs, chercher à comparer d'une façon générale la richesse globulaire du sang artériel à celle du sang veineux.

Ces variations locales semblent se compenser en fin de compte les unes les autres. J'ai pu m'assurer, par un certain nombre d'expériences que je compte publier prochainement, que, sous l'influence de certaines circonstances, la richesse globulaire générale peut présenter également des variations; et que, dans les conditions habituelles de la vie, ces variations paraissent osciller autour d'un certain état d'équilibre normal, vers lequel elles tendent sans cesse à revenir.

Dans la plupart des cas, les chiffres que j'ai donnés dans ce travail représentent assez exactement l'état du sang et même l'intensité des variations locales de la richesse globulaire. Mais, dans d'autres que j'ai indiqués au fur et à mesure, les résultats ont fort bien pu être entachés d'erreurs, non pas que la méthode de numération que j'ai employée soit moins bonne qu'une autre, mais parce que les opérations qu'il fallait faire subir aux animaux ont fort bien pu causer de graves perturbations dans les phénomènes que je cherchais à étudier.

TABLE DES MATIÈRES.

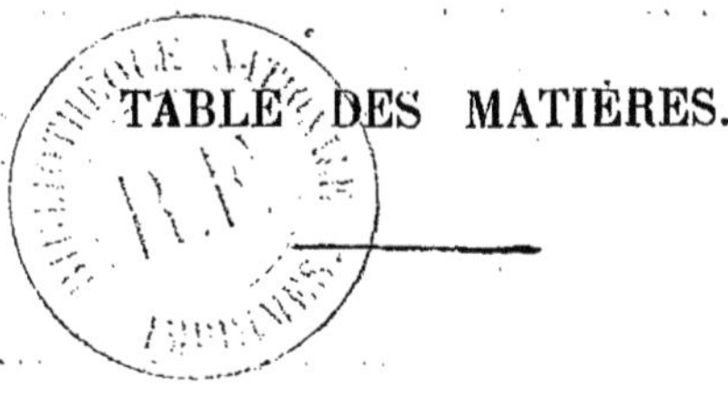

Paris. A. Parent, imprimeur de la Faculté de Médecine, rue M^r-le-Prince, 31.

www.ingramcontent.com/pod-product-compliance
Ingram Content Group UK Ltd.
Pitfield, Milton Keynes, MK11 3LW, UK
UKHW022305120726
13694UKWH00003B/1250